Photoshop CS6 / CorelDRAW X7
标准培训教程

数字艺术教育研究室 曾俊蓉 编著

人民邮电出版社
北 京

图书在版编目（CIP）数据

Photoshop CS6/CorelDRAW X7标准培训教程 / 数字
艺术教育研究室编著. -- 北京 : 人民邮电出版社,
2018.11
　ISBN 978-7-115-49112-1

　Ⅰ. ①P… Ⅱ. ①数… Ⅲ. ①图象处理软件—教材
Ⅳ. ①TP391.413

　中国版本图书馆CIP数据核字(2018)第192270号

内 容 提 要

　　Photoshop 和 CorelDRAW 是当今流行的图像处理和矢量图形设计软件，被广泛应用于平面设计、包装装潢和彩色出版等领域。

　　本书根据职业院校教师和学生的实际需求，以平面设计的典型应用为主线，通过多个精彩实用的案例，全面细致地讲解如何利用 Photoshop 和 CorelDRAW 来完成专业的平面设计项目，使读者在掌握软件功能和制作技巧的基础上，启发设计灵感，开拓设计思路，提高设计能力。

　　本书附带学习资源，内容包括书中所有案例的素材及效果文件，读者可通过在线下载的方式获取这些资源，具体方法请参看本书前言。

　　本书适合作为相关院校和培训机构数字媒体艺术类专业课程的教材，也可作为相关人员的参考用书。

◆ 编　　著　　数字艺术教育研究室　曾俊蓉
　　责任编辑　　张丹丹
　　责任印制　　陈　犇

◆ 人民邮电出版社出版发行　　北京市丰台区成寿寺路 11 号
　　邮编　100164　　电子邮件　315@ptpress.com.cn
　　网址　http://www.ptpress.com.cn
　　北京瑞禾彩色印刷有限公司印刷

◆ 开本：700×1000　1/16
　　印张：14
　　字数：342 千字　　　　　　　　　　2018 年 11 月第 1 版
　　印数：1-2 500 册　　　　　　　　　2018 年 11 月北京第 1 次印刷

定价：59.80 元
读者服务热线：(010)81055410　　印装质量热线：(010)81055316
反盗版热线：(010)81055315
广告经营许可证：京东工商广登字 20170147 号

前　言

Photoshop和CorelDRAW自推出之日起就被广泛应用于平面设计、包装装潢、彩色出版等领域，深受平面设计人员的喜爱，是当今非常流行的图像处理和矢量图形设计软件。在实际的平面设计和制作工作中，是很少用单一软件来完成工作的，要想出色地完成一件平面设计作品，须利用不同软件各自的优势，再将其巧妙地结合使用。

本书根据职业院校教师和学生的实际需求，以平面设计的典型应用为主线，通过多个精彩实用的案例，全面细致地讲解如何利用Photoshop和CorelDRAW来完成专业的平面设计项目。

全书共分为13章，分别详细讲解了平面设计的基础知识、标志设计、卡片设计、书籍装帧设计、唱片封面设计、室内平面图设计、宣传单设计、广告设计、海报设计、杂志设计、包装设计、网页设计和VI设计。

本书利用来自专业平面设计公司的商业案例，详细地讲解运用Photoshop和CorelDRAW制作案例的流程和技法，并在此过程中融入实践经验以及相关知识，使读者在掌握软件功能和制作技巧的基础上，启发设计灵感，开拓设计思路，提高设计能力。

本书附带学习资源，内容包括书中所有案例的素材及效果文件。读者在学完本书内容以后，可以调用这些资源进行深入练习。这些学习资源文件均可在线下载，扫描"资源下载"二维码，关注我们的微信公众号，即可获得资源文件下载方式。如需资源下载技术支持，请致函szys@ptpress.com.cn。同时，读者可以扫描"在线视频"二维码观看本书所有案例视频。另外，购买本书作为授课教材的教师可以通过扫描封底"新架构"二维码联系我们，我们将为您提供教学大纲、备课教案、教学PPT，以及课堂案例、课堂练习和课后习题的教学视频等相关教学资源包。本书的参考学时为62学时，其中实训环节为24学时，各章的参考学时请参见下面的学时分配表。

资源下载

在线视频

章　序	课程内容	学时分配	
		讲　授	实　训
第1章	平面设计的基础知识	2	
第2章	标志设计	2	2
第3章	卡片设计	3	2
第4章	书籍装帧设计	4	2
第5章	唱片封面设计	4	2

章　序	课程内容	学时分配	
		讲　授	实　训
第6章	室内平面图设计	4	2
第7章	宣传单设计	2	2
第8章	广告设计	2	2
第9章	海报设计	2	2
第10章	杂志设计	4	2
第11章	包装设计	3	2
第12章	网页设计	2	2
第13章	VI设计	4	2
学　时　总　计		38	24

由于时间仓促，编者水平有限，书中难免存在疏漏和不妥之处，敬请广大读者批评指正。

九江职业技术学院　曾俊蓉

2018年8月

目　录

第 *1* 章

平面设计的基础知识

本章介绍

本章主要介绍平面设计的基础知识,其中包括位图和矢量图、分辨率、图像的色彩模式和文件格式、页面设置和图片大小、出血、文字转换、印前检查和小样等内容。通过对本章的学习,读者可以快速掌握平面设计的基本概念和基础知识,更好地开始平面设计的学习和实践。

学习目标

◆ 了解位图、矢量图、分辨率和色彩模式。
◆ 掌握常用的图像文件格式。
◆ 掌握图像的页面、大小、出血等设置。

技能目标

◆ 掌握文字的转换方法。
◆ 掌握印前的常规检查。
◆ 掌握电子文件的导出方法。

1.1　位图和矢量图

图像文件可以分为两大类：位图图像和矢量图形。在绘图或处理图像的过程中，这两种类型的图像可以相互交叉使用。

1.1.1　位图

位图图像也称为点阵图像，它是由许多单独的小方块组成的，这些小方块又称为像素点，每个像素点都有特定的位置和颜色值。位图图像的显示效果与像素点是紧密联系在一起的，不同排列和着色的像素点在一起组成了一幅色彩丰富的图像。像素点越多，图像的分辨率越高，图像的文件量也会随之增大。

图像的原始效果如图1-1所示。使用放大工具放大图像后，可以清晰地看到像素的小方块形状与不同的颜色，效果如图1-2所示。

图1-1　　　　　　　　图1-2

位图与分辨率有关，如果在屏幕上以较大的倍数放大显示图像，或以低于创建时的分辨率打印图像，图像就会出现锯齿状的边缘，并且会丢失细节。

1.1.2　矢量图

矢量图也称为向量图，它是一种基于图形的几何特性来描述的图像。矢量图中的各种图形元素被称为对象，每一个对象都是独立的个体，都具有大小、颜色、形状和轮廓等特性。

矢量图与分辨率无关，可以将它缩放到任意大小，其清晰度不变，也不会出现锯齿状的边缘。在任何分辨率下显示或打印矢量图都不会损失细节。图形的原始效果如图1-3所示。使用放大工具放大图像后，其清晰度不变，效果如图1-4所示。

图1-3　　　　　　　　图1-4

矢量图文件所占的容量较小，但这种图形的缺点是不易制作色调丰富的图像，而且绘制出来的图形无法像位图那样精确地描绘各种绚丽的景象。

1.2　分辨率

分辨率是用于描述图像文件信息的术语。分辨率分为图像分辨率、屏幕分辨率和输出分辨率。下面将分别进行讲解。

1.2.1　图像分辨率

在Photoshop中，图像中每单位长度上的像素数目称为图像的分辨率，其单位为像素/英寸（1英寸＝2.54厘米）或像素/厘米。

在相同尺寸的两幅图像中，高分辨率的图像包含的像素比低分辨率的图像包含的像素多。例如，一幅尺寸为1英寸×1英寸的图像，其分辨率为72像素/英寸，这幅图像包含5184（72×72＝5184）个像素。同样尺寸，分辨率为300像素/英寸的图像，图像包含90000个像素。相同尺寸下，分辨率为72像素/英寸的图像效果如图1-5所示；分辨率为300像素/英寸的图像效果如图1-6所示。由此可见，在相同尺寸下，高分辨率的图像能更清晰地表现图像内容。

图1-5

图1-6

🔍 提示

如果一幅图像所包含的像素是固定的，那么增加图像尺寸，就会降低图像的分辨率。

1.2.2 屏幕分辨率

屏幕分辨率是显示器上每单位长度显示的像素数目。屏幕分辨率取决于显示器大小加上其像素设置。PC显示器的分辨率一般约为96像素/英寸，Mac显示器的分辨率一般约为72像素/英寸。在Photoshop中，图像像素被直接转换成显示器像素，当图像分辨率高于显示器分辨率时，屏幕中显示出的图像比实际尺寸大。

1.2.3 输出分辨率

输出分辨率是照排机或打印机等输出设备产生的每英寸的油墨点数（dpi）。打印机的分辨率在720 dpi以上的，可以使图像获得比较好的效果。

1.3 色彩模式

Photoshop和CorelDRAW提供了多种色彩模式，这些色彩模式正是作品能够在屏幕和印刷品上成功表现的重要保障。在这里重点介绍几种经常使用到的色彩模式，包括CMYK模式、RGB模式、灰度模式及Lab模式。每种色彩模式都有不同的色域，并且各个模式之间可以相互转换。

1.3.1 CMYK模式

CMYK代表了印刷上用的4种油墨色：C代表青色，M代表洋红色，Y代表黄色，K代表黑色。CMYK模式在印刷时应用了色彩学中的减法混合原理，即减色色彩模式，它是图片、插图和其他作品中常用的一种印刷方式。这是因为在印刷中通常都要进行四色分色，出四色胶片，然后进行印刷。

在Photoshop中，CMYK颜色控制面板如图1-7所示，可以在颜色控制面板中设置CMYK颜色。在CorelDRAW的"编辑填充"对话框中选择CMYK模式，可以设置CMYK颜色，如图1-8所示。

图1-7

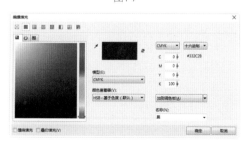
图1-8

可以在建立一个新的Photoshop图像文件时就选择CMYK四色印刷模式，如图1-9所示。

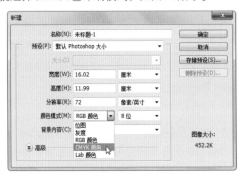

图1-9

在制作过程中，可以选择"图像 > 模式 > CMYK颜色"命令，将图像转换成CMYK模式。但是一定要注意，在图像转换为CMYK模式后，就无法再变回原来图像的RGB色彩了。因为RGB的色彩模式在转换成CMYK模式时，色域外的颜色会变暗，这样才会使整个色彩成为可以印刷的文件。因此，在将RGB模式转换成CMYK模式之前，可以选择"视图 > 校样设置 > 工作中的CMYK"命令，预览一下转换成CMYK模式后的图像效果，如果不满意CMYK模式的效果，还可以根据需要对图像进行调整。

1.3.2 RGB模式

RGB模式是一种加色模式，它通过红、绿、蓝3种色光相叠加而形成更多的颜色。RGB是色

光的彩色模式，一幅24位色彩范围的RGB图像有3个色彩信息通道：红色（R）、绿色（G）和蓝色（B）。在Photoshop中，RGB颜色控制面板如图1-10所示。在CorelDRAW的"编辑填充"对话框中选择RGB色彩模式，可以设置RGB颜色，如图1-11所示。

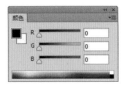

图1-10

图1-11

每个通道都有8位的色彩信息，即一个0～255的亮度值色域。也就是说，每一种色彩都有256个亮度水平级。3种色彩相叠加，可以有256×256×256=1670万种可能的颜色。这1670万种颜色足以表现出绚丽多彩的世界。

在Photoshop CS6中编辑图像时，建议选择RGB色彩模式。因为它可以提供全屏幕的多达24位的色彩范围，一些计算机领域的色彩专家将其称为"True Color"真彩显示。

1.3.3 灰度模式

灰度模式，灰度图又称为8bit深度图。每个像素用8个二进制数表示，能产生2的8次方即256级灰色调。当一个彩色文件被转换为灰度

模式文件时，所有的颜色信息都将从文件中丢失。尽管Photoshop允许将一个灰度文件转换为彩色模式文件，但不可能将原来的颜色完全还原。所以，当要转换灰度模式时，应先做好图像的备份。

像黑白照片一样，一个灰度模式的图像只有明暗值，没有色相和饱和度这两种颜色信息。0%代表白，100%代表黑，其中的K值用于衡量黑色油墨用量。在Photoshop中，颜色控制面板如图1-12所示。在CorelDRAW的"编辑填充"对话框中选择灰度模式，可以设置灰度颜色，如图1-13所示。

图1-12

图1-13

1.3.4 Lab模式

Lab模式是Photoshop中的一种国际色彩标准模式，它由3个通道组成，一个通道是透明度，即L，其他两个是色彩通道，即色相和饱和度，分别用a和b表示。a通道包括的颜色值从深绿到灰，再到亮粉红色；b通道是从亮蓝色到灰，再到焦黄色。这种色彩混合后将产生明亮的色彩。Lab颜色控制面板如图1-14所示。

图1-14

Lab模式在理论上包括了人眼可见的所有色彩，它弥补了CMYK模式和RGB模式的不足。在这种模式下，图像的处理速度比在CMYK模式下快数倍，与RGB模式的速度相仿。在把Lab模式转换成CMYK模式的过程中，所有的色彩不会丢失或被替换。

> 🔍 **提示**
>
> 在Photoshop中将RGB模式转换成CMYK模式时，可以先将RGB模式转换成Lab模式，然后从Lab模式转换成CMYK模式。这样会减少图片的颜色损失。

1.4 文件格式

当平面设计作品制作完成后需要进行存储，这时选择一种合适的文件格式就显得十分重要。在Photoshop和CorelDRAW中有20多种文件格式可供选择。在这些文件格式中，既有Photoshop和CorelDRAW的专用格式，也有用于应用程序交换的文件格式，还有一些比较特殊的格式。下面重点讲解几种平面设计中常用的文件存储格式。

1.4.1 TIF（TIFF）格式

TIF也称为TIFF，是标签图像格式。TIF格式对于色彩通道图像来说具有很强的可移植性，它可以用于PC、Macintosh和UNIX工作站三大平台，是这三大平台上使用最广泛的绘图格式。

用TIF格式存储时应考虑到文件的大小，因为TIF格式的结构要比其他格式更大、更复杂。但TIF格式支持24个通道，能存储多于4个通道的文件。TIF格式还允许使用Photoshop中的复杂工具和滤镜特效。

🔍 **提示**

　　TIF格式非常适合印刷和输出。在Photoshop中编辑处理完成的图片文件一般都会存储为TIF格式，然后将其导入CorelDRAW的平面设计文件中再进行编辑处理。

1.4.2　CDR格式

　　CDR格式是CorelDRAW的专用图形文件格式。由于CorelDRAW是矢量图形绘制软件，所以CDR可以记录文件的属性、位置、分页等。但它在兼容度上比较差，在所有CorelDRAW应用程序中均能够使用，而其他图像编辑软件却无法打开此类文件。

1.4.3　PSD格式

　　PSD格式是Photoshop软件自身的专用文件格式，这种格式能够保存图像数据的细小部分，如图层、蒙版、通道等Photoshop对图像进行特殊处理的信息。在没有最终决定图像的存储格式前，最好先以这种格式存储。另外，使用Photoshop打开和存储这种格式的文件比其他格式更快。

1.4.4　AI格式

　　AI格式是一种矢量图片格式，是Adobe公司

的Illustrator软件的专用格式。它的兼容度比较高，可以在CorelDRAW中打开，也可以将CDR格式的文件导出为AI格式。

1.4.5　JPEG格式

　　JPEG是Joint Photographic Experts Group的首字母缩写，译为联合图片专家组。JPEG格式既是Photoshop支持的一种文件格式，也是一种压缩方案。它是Macintosh上常用的一种存储类型。JPEG格式是压缩格式中的"佼佼者"，与TIF文件格式采用的LIW无损压缩相比，它的压缩比例更大。但它使用的有损压缩会丢失部分数据。用户可以在存储前选择图像的最好质量，这样就能控制数据的损失程度。

　　在Photoshop中，可以选择低、中、高和最高4种图像压缩品质。以高质量保存图像比低质量的保存形式占用更多的磁盘空间，而选择低质量保存图像则损失的数据较多，但占用的磁盘空间较少。

1.4.6　PNG格式

　　PNG格式是用于无损压缩和在Web上显示图像的文件格式，是GIF格式的无专利替代品，它支持24位图像且能产生无锯齿状边缘的背景透明度，还支持无Alpha通道的RGB、索引颜色、灰度和位图模式的图像。某些Web浏览器不支持PNG图像。

1.5　页面设置

　　在设计制作平面作品之前，要根据客户任务的要求在Photoshop或CorelDRAW中设置页面文件的尺寸。下面讲解如何根据制作标准或客户要求来设置页面文件的尺寸。

1.5.1　在Photoshop中设置页面

　　选择"文件 > 新建"命令，弹出"新建"对话框，如图1-15所示。在对话框中，可以在"名称"选项后的文本框中输入新建图像的文件名；

"预设"选项后的下拉列表用于自定义或选择其他固定格式文件的大小；在"宽度"和"高度"选项后的数值框中可以输入需要设置的宽度和高度的数值；在"分辨率"选项后的数值框中可以

输入需要设置的分辨率。

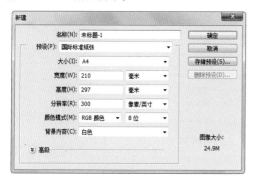

图1-15

图像的宽度和高度可以设定为像素或厘米，单击"宽度"和"高度"选项下拉列表框右边的黑色三角按钮▾，弹出计量单位下拉列表，可以选择计量单位。

"分辨率"选项可以设定每英寸的像素数或每厘米的像素数，一般在进行屏幕练习时将其设定为72像素/英寸；在进行平面设计时，将其设定为输出设备的半调网屏频率的1.5～2倍，一般为300像素/英寸。单击"确定"按钮，新建页面。

🔍 **提示**

每英寸像素数越高，图像的效果越好，但图像的文件也越大。应根据需要设置合适的分辨率。

1.5.2　在CorelDRAW中设置页面

在实际工作中，往往要利用像CorelDRAW这样的优秀平面设计软件来完成印前的制作任务，随后才是出胶片、送印厂。因此，这就要求我们在设计制作前设置作品的尺寸。为了方便广大用户使用，CorelDRAW预设了50多种页面样式供用户选择。

在新建的CorelDRAW文档窗口中，属性栏可以设置纸张的类型大小、纸张的高度和宽度、纸张的放置方向等，如图1-16所示。

图1-16

选择"布局 > 页面设置"命令，可以进行更广泛、更深入的设置。选择"布局 > 页面设置"命令，弹出"选项"对话框，如图1-17所示。

图1-17

在"页面尺寸"选项框中，除了可以对版面纸张的大小、放置方向等进行设置外，还可以设置页面出血、分辨率等选项。

1.6　图片大小

在完成平面设计任务的过程中，为了更好地编辑图像或图形，经常需要调整图像或者图形的大小。下面将讲解图像或图形大小的调整方法。

1.6.1　在Photoshop中调整图像大小

按Ctrl+O组合键，打开本书学习资源中的

"Ch01 > 素材 > 04"文件，如图1-18所示。选择"图像 > 图像大小"命令，弹出"图像大小"对

话框，如图1-19所示。

图1-18

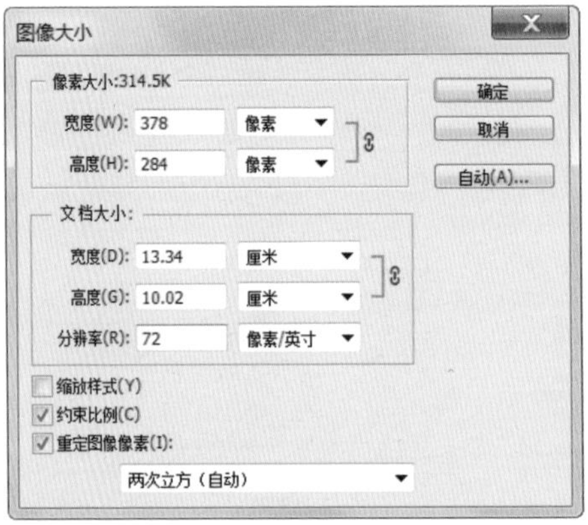

图1-20

在"图像大小"对话框中可以改变选项数值的计量单位，在选项右侧的下拉列表中进行选择，如图1-21所示。单击"自动"按钮，弹出"自动分辨率"对话框，系统将自动调整图像的分辨率和品质效果，如图1-22所示。

图1-19

像素大小：通过改变"宽度"和"高度"选项的数值，改变图像在屏幕上显示的大小，图像的尺寸也相应改变。

文档大小：通过改变"宽度""高度""分辨率"选项的数值，改变图像的文档大小，图像的尺寸也相应改变。

缩放样式：若对文档中的图层添加了图层样式，勾选此复选框后，可在调整图像大小时自动缩放样式效果。

约束比例：勾选此复选框，在"宽度"和"高度"选项右侧出现锁链标志，表示改变其中一项设置时，两项会成比例地同时改变。

重定图像像素：不勾选此复选框，像素的数值将不能单独设置，"文档大小"选项组中的"宽度""高度""分辨率"选项右侧将出现锁链标志，改变数值时3项会同时改变，如图1-20所示。

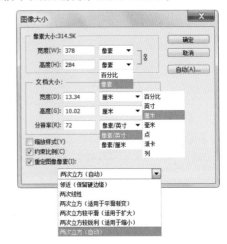

图1-21

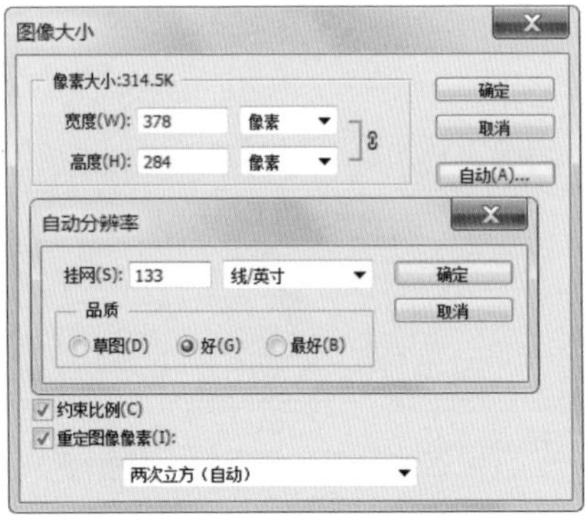

图1-22

在"图像大小"对话框中,改变"文档大小"选项组中的宽度数值,如图1-23所示,图像将变小,效果如图1-24所示。

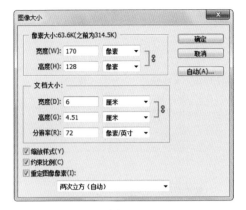

图1-23

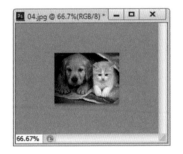

图1-24

🔍 提示

在设计制作的过程中,位图的分辨率一般为300像素/英寸,编辑位图的尺寸可以从大尺寸图调整到小尺寸图,这样没有图像品质的损失。如果从小尺寸图调整到大尺寸图,就会造成图像品质的损失,如图片模糊等。

1.6.2 在CorelDRAW中调整图像大小

打开本书学习资源中的"Ch01 > 素材 > 05"文件。使用"选择"工具选取要缩放的对象,对象的周围出现控制手柄,如图1-25所示。用鼠标拖曳控制手柄可以缩小或放大对象,如图1-26所示。

图1-25　　　　　　图1-26

选择"选择"工具并选取要缩放的对象,对象的周围出现控制手柄,如图1-27所示,这时的属性栏如图1-28所示。在属性栏"对象的大小"选项中根据设计需要调整宽度和高度的数值,如图1-29所示,按Enter键确认,完成对象的缩放,效果如图1-30所示。

图1-27

图1-28

图1-29

图1-30

1.7 出血

印刷装订工艺要求接触到页面边缘的线条、图片或色块，需要跨出页面边缘的成品裁切线3mm，称为出血。出血是为了防止裁刀裁切到成品尺寸里面的图文或出现白边。下面将以体验卡的制作为例，详细讲解如何在Photoshop或CorelDRAW中设置出血。

1.7.1 在Photoshop中设置出血

（1）假设要求制作的卡片的成品尺寸是90mm×55mm，如果卡片有底色或花纹，则需要将底色或花纹跨出页面边缘的成品裁切线3mm。因此，在Photoshop中，新建文件的页面尺寸需要设置为96mm×61mm。

（2）按Ctrl+N组合键，弹出"新建"对话框，选项的设置如图1-31所示，单击"确定"按钮，效果如图1-32所示。

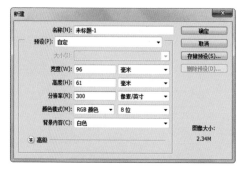

图1-31

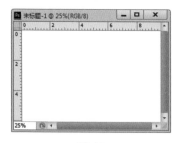

图1-32

（3）选择"视图＞新建参考线"命令，弹出"新建参考线"对话框，设置如图1-33所示，单击"确定"按钮，效果如图1-34所示。用相同的方法，在58mm处新建一条水平参考线，效果如图1-35所示。

图1-33

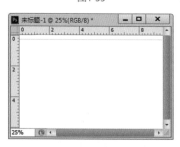

图1-34

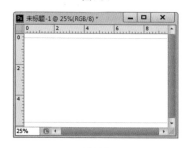

图1-35

（4）选择"视图＞新建参考线"命令，弹出"新建参考线"对话框，设置如图1-36所示，单击"确定"按钮，效果如图1-37所示。用相同的方法，在93mm处新建一条垂直参考线，效果如图1-38所示。

图1-36

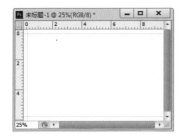

图1-37

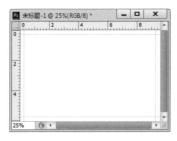

图1-38

（5）将前景色设为浅黄色（其R、G、B值分别为254、236、208）。按Alt+Delete组合键，用前景色填充"背景"图层，效果如图1-39所示。按Ctrl+O组合键，打开本书学习资源中的"Ch01 > 素材 > 06"文件，选择"移动"工具，将其拖曳到新建的"未标题-1"文件窗口中，如图1-40所示，在"图层"控制面板中生成新的图层"图层1"。

图1-39

图1-40

（6）按Ctrl+E组合键，合并可见图层。按Ctrl+S组合键，弹出"存储为"对话框，将其命名为"贵宾卡背景"，保存为TIFF格式。单击"保存"按钮，弹出"TIFF选项"对话框，再单击"确定"按钮将图像保存。

1.7.2　在CorelDRAW中设置出血

（1）假设要求制作卡片的成品尺寸是90mm×55mm，那么需要设置的出血是3mm。

（2）按Ctrl+N组合键，新建一个文档。选择"布局 > 页面设置"命令，弹出"选项"对话框，在"文档"设置区的"页面尺寸"选项框中，设置"宽度"选项的数值为90mm，设置"高度"选项的数值为55mm，设置出血选项的数值为3mm，在设置区中勾选"显示出血区域"复选框，如图1-41所示，单击"确定"按钮，页面效果如图1-42所示。

图1-41

图1-42

（3）在页面中，实线框为卡片的成品尺寸90mm×55mm，虚线框为出血尺寸，在虚线框和实线框四边之间的空白区域是3mm的出血设置，示意如图1-43所示。

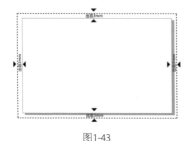

图1-43

（4）按Ctrl+I组合键，弹出"导入"对话框，打开本书学习资源中的"Ch01 > 效果 > 贵宾卡背景"文件，如图1-44所示，并单击"导入"按钮。在页面中单击导入图片，按P键，使图片与页面居中对齐，效果如图1-45所示。

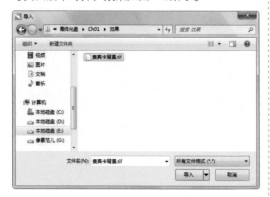

图1-44

图1-45

（5）按Ctrl+I组合键，弹出"导入"对话框，打开本书学习资源中的"Ch01 > 素材 > 07"

文件，单击"导入"按钮。在页面中单击导入图片，选择"选择"工具 ，将其拖曳到适当的位置，效果如图1-46所示。选择"文本"工具 ，在页面中分别输入需要的文字。选择"选择"工具 ，分别在属性栏中选择合适的字体并设置文字大小，分别填充适当的颜色，效果如图1-47所示。选择"视图 > 显示 > 出血"命令，将出血线隐藏。

图1-46

图1-47

（6）选择"文件 > 打印预览"命令，单击"启用分色"按钮 ，在窗口中可以观察到贵宾卡将来出胶片的效果，还有4个角上的裁切线、4个边中间的套准线 和测控条。单击页面分色按钮，可以切换显示各分色的胶片效果，如图1-48所示。

青色胶片

品红胶片

黄色胶片

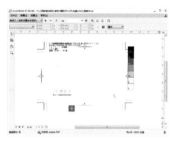

黑色胶片

图1-48

　　（7）最后制作完成的设计作品效果如图1-49所示。按Ctrl+S组合键，弹出"保存图形"对话框，将其命名为"贵宾卡"，保存为CDR格式，单击"保存"按钮将图像保存。

图1-49

1.8 ▶ 文字转换

　　在Photoshop和CorelDRAW中输入文字时，都需要选择文字的字体。文字的字体安装在计算机、打印机或照排机的文件中。字体就是文字的外在形态，当设计师选择的字体与输出中心的字体不匹配时，或者根本就没有设计师选择的字体时，所输出的胶片上的文字就不是设计师选择的字体，也可能出现乱码。下面将讲解如何在Photoshop和CorelDRAW中进行文字转换，以避免出现这样的问题。

1.8.1　在Photoshop中转换文字

　　按Ctrl+O组合键，打开本书学习资源中的"Ch01 > 素材 > 08"文件，在"图层"控制面板中选中需要的文字图层，单击鼠标右键，在弹出的菜单中选择"栅格化文字"命令，如图1-50所示。将文字图层转换为普通图层，也就是将文字转换为图像，如图1-51所示，图像窗口中的文字效果如图1-52所示。转换为普通图层后，出片文件就不会出现字体不匹配问题了。

图1-50

图1-51

图1-52

1.8.2 在CorelDRAW中转换文字

打开本书学习资源中的"Ch01 > 效果 > 贵宾卡.cdr"文件。选择"选择"工具 ，按住Shift键的同时单击输入的文字将其同时选取，如图1-53所示。选择"对象 > 转换为曲线"命令，将文字转换为曲线，如图1-54所示。按Ctrl+S组合键，将文件保存。

图1-53

图1-54

提示

将文字转换为曲线，就是将文字转换为图形。这样，在输出中心就不会出现文字不匹配问题，在胶片上也不会形成乱码。

1.9 印前检查

在CorelDRAW中，可以对设计好的名片进行印前的常规检查。

按Ctrl+O组合键，打开本书学习资源中的"Ch01 > 效果 > 贵宾卡.cdr"文件，效果如图1-55所示。选择"文件 > 文档属性"命令，在弹出的对话框中可查看文件、文档、颜色、图形对象、文本统计、位图对象、样式、效果、填充、轮廓等多方面的信息，如图1-56所示。

图1-55

图1-56

在"文件"信息组中可查看文件的名称和位置、大小、创建和修改日期、属性等信息。

在"文档"信息组中可查看文件的页码、图层、页面大小和方向、分辨率等信息。

在"颜色"信息组中可以查看RGB预置文件、CMYK预置文件、灰度的预置文件、原色模式和匹配类型等信息。

在"图形对象"信息组中可查看对象的数目、点数、曲线、矩形、椭圆等信息。

在"文本统计"信息组中可查看文档中的文本对象信息。

在"位图对象"信息组中可查看文档中导入位图的色彩模式、文件大小等信息。

在"样式"信息组中可查看文档中图形的样式等信息。

在"效果"信息组中可查看文档中图形的效果等信息。

在"填充"信息组中可查看未填充、均匀、对象、颜色模型等信息。

在"轮廓"信息组中可查看无轮廓、均匀、按图像大小缩放、对象、颜色模型等信息。

> **注意**
>
> 如果在CorelDRAW中已经将设计作品中的文字转成曲线，那么在"文本统计"信息组中将显示"文档中无文本对象"信息。

1.10 ▷ 小样

在CorelDRAW中设计制作完成客户的任务后，可以方便地为客户展示设计完成稿的小样。下面讲解小样电子文件的导出方法。

1.10.1 带出血的小样

（1）打开本书学习资源中的"Ch01 > 效果 > 贵宾卡.cdr"文件，效果如图1-57所示。选择"文件 > 导出"命令，弹出"导出"对话框，将其命名为"贵宾卡"，导出为JPEG格式，如图1-58所示。单击"导出"按钮，弹出"导出到JPEG"对话框，选项的设置如图1-59所示，单击"确定"按钮导出图形。

图1-57

图1-58

图1-59

（2）导出图形在桌面上的图标如图1-60所示。可以通过电子邮件的方式把导出的JPEG格式的小样发给客户观看，客户可以在看图软件中打开观看，效果如图1-61所示。

图1-60

图1-61

1.10.2 成品尺寸的小样

（1）打开本书学习资源中的"Ch01 > 效果 > 贵宾卡.cdr"文件，效果如图1-62所示。双击"选择"工具 ，将页面中的所有图形同时选取，如图1-63所示。按Ctrl+G组合键，将其群组，效果如图1-64所示。

图1-62

图1-63

图1-64

（2）双击"矩形"工具 ，系统自动绘制一个与页面大小相等的矩形，绘制的矩形大小就是名片成品尺寸的大小。按Shift+

PageUp组合键，将其置于最上层，效果如图1-65所示。

图1-65

（3）选择"选择"工具 🔧，选取群组后的图形，如图1-66所示。选择"对象 > 图框精确剪裁 > 置于图文框内部"命令，鼠标指针变为黑色箭头形状，在矩形框上单击，如图1-67所示。

图1-66

图1-67

（4）将名片置入矩形中，效果如图1-68所示。在"CMYK调色板"中的"无填充"按钮☒上单击鼠标右键，去掉矩形的轮廓线，效果如图1-69所示。

（5）名片的成品尺寸效果如图1-70所示。选择"文件 > 导出"命令，弹出"导出"对话框，将其命名为"贵宾卡-成品尺寸"，导出为JPEG格式，如图1-71所示。

图1-68

图1-69

图1-70

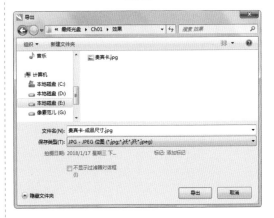

图1-71

（6）单击"导出"按钮，弹出"导出到JPEG"对话框，选项的设置如图1-72所示，单击

"确定"按钮，导出成品尺寸的名片图像。可以
通过电子邮件的方式把导出的JPEG格式小样发给
客户，客户可以在看图软件中打开观看，效果如
图1-73所示。

图1-73

图1-72

第 2 章

标志设计

本章介绍

　　标志是一种传达事物特征的特定视觉符号，代表着企业的形象和文化。企业的服务水平、管理机制及综合实力都可以通过标志来体现。在企业视觉战略推广中，标志起着举足轻重的作用。本章以鲸鱼汉堡标志设计为例，讲解标志的设计方法和制作技巧。

学习目标

◆ 在Photoshop软件中制作标志的立体效果。

◆ 在CorelDRAW软件中制作标志和标准字。

技能目标

◆ 掌握"鲸鱼汉堡标志"的制作方法。

◆ 掌握"电影公司标志"的制作方法。

案例学习目标：在CorelDRAW中，学习使用多种绘图工具、移除前面对象按钮、合并按钮、形状工具制作标志，使用文本工具、填充工具制作标准字；在Photoshop中，学习使用多种添加图层样式命令为标志添加立体效果。

案例知识要点：在CorelDRAW中，使用矩形工具、转角半径选项制作面包图形，使用矩形工具、椭圆形工具、贝塞尔工具、移除前面对象按钮、合并按钮和填充工具制作鲸鱼图形，使用手绘工具、形状工具添加并编辑曲线节点，使用文本工具、椭圆形工具、垂直居中对齐命令添加并编辑标准字；在Photoshop中，使用图案叠加命令为背景添加图案叠加效果，使用置入命令、斜面和浮雕命令、内阴影命令和投影命令制作标志图形的立体效果。鲸鱼汉堡标志设计效果如图2-1所示。

效果所在位置：Ch02/效果/鲸鱼汉堡标志设计/鲸鱼汉堡标志.tif。

图2-1

CorelDRAW 应用

2.1.1 制作面包图形

（1）打开CorelDRAW X7软件，按Ctrl+N组合键，新建一个A4页面。单击属性栏中的"横向"按钮，显示为横向页面。

（2）选择"矩形"工具，在页面中适当的位置绘制一个矩形，如图2-2所示。选择"选择"工具，按数字键盘上的+键，复制矩形。按住Shift键的同时，垂直向上拖曳复制的矩形到适当的位置，效果如图2-3所示。

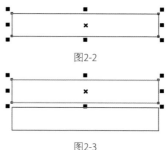

图2-2

图2-3

（3）保持图形选取状态。向下拖曳矩形中间的控制手柄到适当的位置，调整其大小，效果如图2-4所示。用相同的方法再复制一个矩形，并调整其大小，效果如图2-5所示。

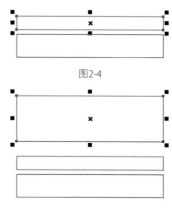

图2-4

图2-5

（4）选择"选择"工具，选取最下方的矩形，在属性栏中将"转角半径"选项设为12.3mm，如图2-6所示，按Enter键，效果如图2-7所示。设置图形颜色的CMYK值为0、87、100、0，填充图形，并去除图形的轮廓线，效果如图2-8所示。

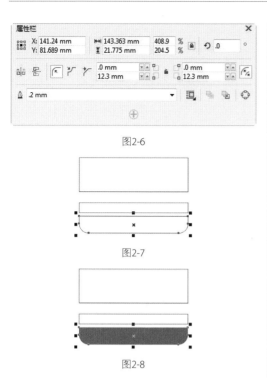

图2-6

图2-7

图2-8

（5）选取中间的矩形，在属性栏中将"转角半径"选项设为12.3mm，按Enter键，效果如图2-9所示。在"CMYK调色板"中的"红"色块上单击鼠标左键，填充图形，在"无填充"按钮⊠上单击鼠标右键，去除图形的轮廓线，效果如图2-10所示。

图2-9

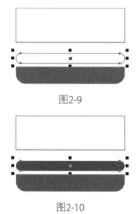

图2-10

2.1.2 制作鲸鱼图形

（1）选取最上方的矩形，在属性栏中将"转角半径"选项设为12.3mm，如图2-11所示，按

Enter键，效果如图2-12所示。

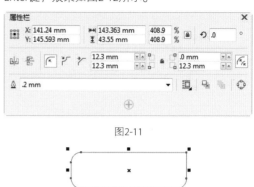

图2-11

图2-12

（2）选择"矩形"工具□，在适当的位置分别绘制矩形，如图2-13所示。选择"选择"工具🔾，用圈选的方法选取需要的矩形，再次单击选取的矩形，使其处于旋转状态，如图2-14所示。向右拖曳中间的控制手柄到适当的位置，倾斜矩形，效果如图2-15所示。

图2-13

图2-14

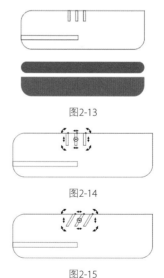

图2-15

（3）选择"椭圆形"工具○，按住Ctrl键的同时，在适当的位置绘制一个圆形，如图2-16所示。选择"选择"工具🔾，用圈选的方法将所绘制的图形同时选取，如图2-17所示，单击属性栏

中的"移除前面对象"按钮 ，将多个图形剪切为一个图形，效果如图2-18所示。

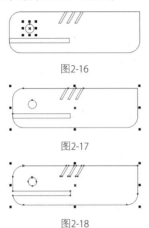

图2-16

图2-17

图2-18

（4）选择"贝塞尔"工具 ，在适当的位置绘制一个不规则图形，如图2-19所示。选择"选择"工具 ，按住Shift键的同时，单击下方剪切图形，将其同时选取，单击属性栏中的"合并"按钮 ，合并图形，效果如图2-20所示。

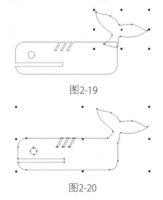

图2-19

图2-20

（5）选择"形状"工具 ，选取需要的节点，如图2-21所示，单击属性栏中的"平滑节点"按钮 ，将节点转换为平滑节点，效果如图2-22所示。

图2-21

图2-22

（6）选择"选择"工具 ，选取图形，设置图形颜色的CMYK值为0、87、100、0，填充图形，并去除图形的轮廓线，效果如图2-23所示。选择"手绘"工具 ，按住Ctrl键的同时，在适当的位置绘制一条直线，如图2-24所示。

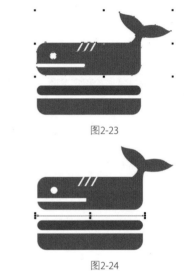

图2-23

图2-24

2.1.3 编辑曲线节点

（1）选择"形状"工具 ，在直线中间位置双击鼠标添加一个节点，如图2-25所示。连续3次单击属性栏中的"添加节点"按钮 ，在直线上添加多个节点，如图2-26所示。

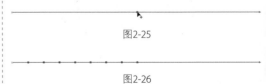

图2-25

图2-26

（2）选择"形状"工具 ，选取最后一个节点，如图2-27所示。连续3次单击属性栏中的"添加节点"按钮，在直线上添加多个节点，如图2-28所示。

图2-27

图2-28

（3）选择"形状"工具，按住Shift键的同时，依次单击选取需要的节点，如图2-29所示。向上拖曳节点到适当的位置，如图2-30所示。

图2-29

图2-30

（4）在属性栏中单击"转换为曲线"按钮，将线段转换为曲线；再单击"平滑节点"按钮，将节点转换为平滑节点，效果如图2-31所示。

图2-31

（5）选择"形状"工具，按住Shift键的同时，依次单击选取需要的节点，如图2-32所示。在属性栏中单击"转换为曲线"按钮，将线段转换为曲线；再单击"平滑节点"按钮，将节点转换为平滑节点，效果如图2-33所示。

图2-32

图2-33

（6）选择"选择"工具，选取直线，按F12键，弹出"轮廓笔"对话框，在"颜色"选项中设置轮廓线颜色的CMYK值为0、87、100、0，其他选项的设置如图2-34所示，单击"确定"

按钮，效果如图2-35所示。

图2-34

图2-35

2.1.4 添加并编辑标准字

（1）选择"文本"工具，在适当的位置输入需要的文字，选择"选择"工具，在属性栏中选取适当的字体并设置文字大小，效果如图2-36所示。在"CMYK调色板"中的"红"色块上单击鼠标左键，填充文字，效果如图2-37所示。

图2-36

图2-37

（2）选择"文本"工具，在适当的位置输入需要的文字，选择"选择"工具，在属性栏中选取适当的字体并设置文字大小，效果如图2-38所示。设置文字颜色的CMYK值为0、87、100、0，填充文字，效果如图2-39所示。

鲸鱼汉堡
WHALE HAMBURGER

图2-38

鲸鱼汉堡
WHALE HAMBURGER

图2-39

（3）选择"文本"工具，选取英文"WHALE"，在属性栏中选取适当的字体，效果如图2-40所示。选择"选择"工具，按住Shift键的同时，单击上方中文文字将其同时选取，按C键，将文字垂直居中对齐，效果如图2-41所示。

鲸鱼汉堡
WHALE HAMBURGER

图2-40

鲸鱼汉堡
WHALE HAMBURGER

图2-41

（4）选择"椭圆形"工具，按住Ctrl键的同时，在适当的位置绘制一个圆形，在"CMYK调色板"中的"红"色块上单击鼠标左键，填

充图形，并去除图形的轮廓线，效果如图2-42所示。

鲸鱼汉堡
WHALE HAMBURGER

图2-42

（5）选择"选择"工具，按数字键盘上的+键，复制圆形。按住Shift键的同时，水平向右拖曳复制的圆形到适当的位置，效果如图2-43所示。鲸鱼汉堡标志制作完成。

鲸鱼汉堡
• WHALE HAMBURGER

图2-43

（6）选择"文件 > 导出"命令，弹出"导出"对话框，将其命名为"标志导出图"，保存为PNG格式。单击"导出"按钮，弹出"导出到PNG"对话框，单击"确定"按钮，导出为PNG格式。

Photoshop 应用

2.1.5 制作标志立体效果

（1）打开Photoshop CS6软件，按Ctrl+N组合键，新建一个文件，宽度为30厘米，高度为30厘米，分辨率为150像素/英寸，颜色模式为RGB，背景内容为白色，单击"确定"按钮。

（2）在"图层"控制面板中，双击"背景"图层，在弹出的"新建图层"对话框中进行设置，如图2-44所示，单击"确定"按钮，将"背景"图层转换为"图案"图层，如图2-45所示。

图2-44

图2-45

（3）单击"图层"控制面板下方的"添加图层样式"按钮 fx.，在弹出的菜单中选择"图案叠加"命令，弹出对话框。单击"图案"选项右侧的按钮，弹出图案选择面板，单击面板右上方的图标 ✿.，在弹出的菜单中选择"彩色纸"命令，弹出提示对话框，单击"追加"按钮。在图案选择面板中选择"描图纸"图案，如图2-46所示。返回到"图案叠加"对话框，其他选项的设置如图2-47所示。单击"确定"按钮，效果如图2-48所示。

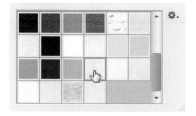

图2-46

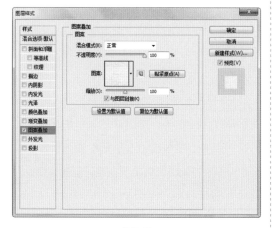

图2-47

图2-48

（4）选择"文件 > 置入"命令，弹出"置入"对话框，选择本书学习资源中的"Ch02 > 效果 > 鲸鱼汉堡标志设计 > 标志导出图"文件，单击"置入"按钮，置入图片，并将其拖曳到适当的位置，调整其大小，效果如图2-49所示。

图2-49

（5）单击"图层"控制面板下方的"添加图层样式"按钮 fx.，在弹出的菜单中选择"斜面和浮雕"命令，在弹出的对话框中进行设置，如图2-50所示；选择对话框左侧的"等高线"选项，切换到相应的对话框，单击"等高线"选项右侧的按钮，在弹出的面板中选择"环形-双"等高线，如图2-51所示。返回到"等高线"对话框，其他选项的设置如图2-52所示。

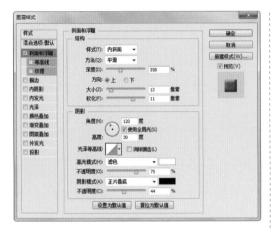

图2-50

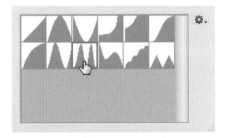

图2-51

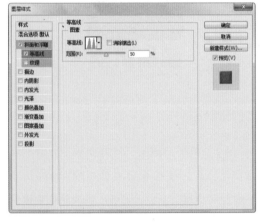

图2-52

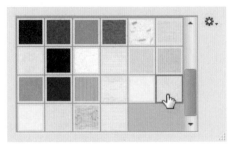

图2-53

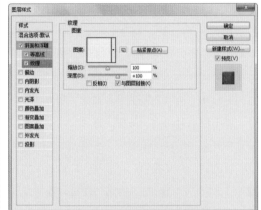

图2-54

图2-55

（6）选择对话框左侧的"纹理"选项，切换到相应的对话框，单击"图案"选项右侧的按钮，在弹出的图案选择面板中选择"白色斜条纹纸"图案，如图2-53所示。返回到"纹理"对话框，其他选项的设置如图2-54所示。单击"确定"按钮，效果如图2-55所示。

（7）单击"图层"控制面板下方的"添加图层样式"按钮 _fx_，在弹出的菜单中选择"内阴影"命令，在弹出的对话框中进行设置，如图2-56所示，单击"确定"按钮，效果如图2-57所示。

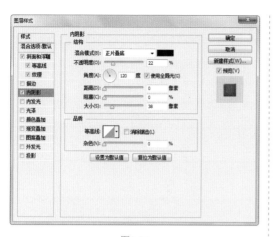

图2-56

图2-57

（8）单击"图层"控制面板下方的"添加图层样式"按钮 **fx.**，在弹出的菜单中选择"投影"命令，在弹出的对话框中进行设置，如图2-58所示，单击"确定"按钮，效果如图2-59所示。

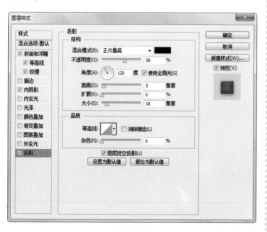

图2-58

图2-59

（9）单击"图层"控制面板下方的"创建新的填充或调整图层"按钮 **◎.**，在弹出的菜单中选择"色相/饱和度"命令，在"图层"控制面板中生成"色相/饱和度1"图层，同时在弹出的"色相/饱和度"面板中进行设置，如图2-60所示。按Enter键确认操作，图像效果如图2-61所示。

图2-60

图2-61

（10）鲸鱼汉堡标志立体效果制作完成。按Ctrl+S组合键，弹出"存储为"对话框，将制作好的图像命名为"鲸鱼汉堡标志"，保存为TIFF格式，单击"保存"按钮，将图像保存。

习题知识要点： 在CorelDRAW中，使用选项命令添加水平和垂直辅助线，使用矩形工具、转换为曲线命令、调整节点工具和编辑填充面板制作标志图形，使用文本工具和对象属性泊坞窗制作标准字；在Photoshop中，使用变换命令和图层样式命令制作标志图形的立体效果。电影公司标志设计效果如图2-62所示。

效果所在位置： Ch02/效果/电影公司标志设计/电影公司标志.cdr。

图2-62

第 3 章

卡片设计

本章介绍

　　卡片是人们增进交流的一种载体，是传递信息、交流情感的一种方式。卡片的种类繁多，有邀请卡、祝福卡、生日卡、圣诞卡、新年贺卡等。本章以新年贺卡设计为例，讲解贺卡正面和背面的设计方法和制作技巧。

学习目标

◆ 在Photoshop软件中制作贺卡正面和背面底图。
◆ 在CorelDRAW软件中制作祝福语和装饰图形。

技能目标

◆ 掌握"新年贺卡正、背面"的制作方法。
◆ 掌握"中秋贺卡正、背面"的制作方法。

3.1 新年贺卡正面设计

案例学习目标： 在Photoshop中，学习使用移动工具、图层控制面板和图层样式添加贺卡装饰图片制作贺卡正面底图；在CorelDRAW中，学习使用文本工具、形状工具和交互式工具添加标题及祝福性文字。

案例知识要点： 在Photoshop中，使用图层混合模式和不透明度选项制作底图纹理，使用移动工具和图层样式添加图片和纹理；在CorelDRAW中，使用导入命令导入底图，使用文本工具、形状工具添加并编辑标题文字，使用轮廓图工具为文字添加轮廓化效果，使用阴影工具为文字添加阴影效果，使用椭圆形工具、文本工具添加祝福性文字。新年贺卡正面设计效果如图3-1所示。

效果所在位置： Ch03/效果/新年贺卡正面设计/新年贺卡正面.cdr。

图3-1

Photoshop 应用

3.1.1 绘制贺卡正面底图

（1）打开Photoshop CS6软件，按Ctrl＋N组合键，新建一个文件，宽度为20厘米，高度为10厘米，分辨率为150像素/英寸，颜色模式为RGB，背景内容为白色，单击"确定"按钮。

（2）按Ctrl+O组合键，打开本书学习资源中的"Ch03 > 素材 > 新年贺卡正面设计 > 01"文件。选择"移动"工具，将"01"图片拖曳到新建文件适当的位置，效果如图3-2所示，在"图层"控制面板中生成新的图层并将其命名为"祥云"。

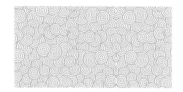

图3-2

（3）在"图层"控制面板上方，将"祥云"图层的混合模式选项设为"正片叠底"，"不透明度"选项设为20%，如图3-3所示，按Enter键确认操作，效果如图3-4所示。

图3-3

图3-4

（4）按Ctrl+O组合键，打开本书学习资源中的"Ch03 > 素材 > 新年贺卡正面设计 > 02"文件。选择"移动"工具，将"02"图片拖曳到新建文件的适当位置，并调整其大小，效果如图3-5所示，在"图层"控制面板中生成新的图层并将其命名为"红色祥云"。按住Alt键的同时，在图像窗口中将其拖曳到适当的位置，复制图像，效果如图3-6所示。

图3-5

图3-6

（5）按Ctrl+T组合键，图像周围出现变换框，在变换框中单击鼠标右键，在弹出的菜单中选择"垂直翻转"命令，翻转图像，按Enter键确认操作，效果如图3-7所示。

图3-7

（6）按Ctrl+O组合键，打开本书学习资源中的"Ch03 > 素材 > 新年贺卡正面设计 > 03"文件。选择"移动"工具 ，将"03"图片拖曳到新建文件的适当位置，并调整其大小，效果如图3-8所示，在"图层"控制面板中生成新的图层并将其命名为"红色灯笼"。

图3-8

（7）单击"图层"控制面板下方的"添加图层样式"按钮 ，在弹出的菜单中选择"投影"命令，弹出对话框，将阴影颜色设为暗红色（其R、G、B的值分别为76、14、16），其他选项的设置如图3-9所示，单击"确定"按钮，效果如图3-10所示。

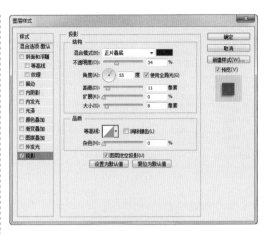

图3-9

图3-10

（8）按Ctrl+O组合键，打开本书学习资源中的"Ch03 > 素材 > 新年贺卡正面设计 > 04"文件。选择"移动"工具 ，将"04"图片拖曳到新建文件的适当位置，效果如图3-11所示，在"图层"控制面板中生成新的图层并将其命名为"桃花"。

图3-11

（9）单击"图层"控制面板下方的"添加图层样式"按钮 ，在弹出的菜单中选择"投影"命令，弹出对话框，将阴影颜色设为暗红色（其R、G、B的值分别为76、14、16），其他选项的设置如图3-12所示，单击"确定"按钮，效果如图3-13所示。

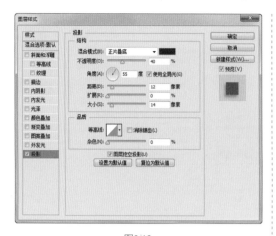

图3-12

图3-13

（10）选择"移动"工具，按住Alt键的同时，在图像窗口中将其拖曳到适当的位置，复制图像，效果如图3-14所示。按Ctrl+T组合键，图像周围出现变换框，在变换框中单击鼠标右键，在弹出的菜单中选择"水平翻转"命令，翻转图像，按Enter键确认操作，效果如图3-15所示。

图3-14

图3-15

（11）新年贺卡正面底图制作完成。按Shift+Ctrl+E组合键，合并可见图层。按Ctrl+S组合键，弹出"存储为"对话框，将其命名为"新年贺卡正面底图"，保存为JPEG格式，单击"保存"按钮，弹出"JPEG选项"对话框，单击"确定"按钮，将图像保存。

CorelDRAW 应用

3.1.2　添加并编辑标题文字

（1）打开CorelDRAW X7软件，按Ctrl+N组合键，新建一个页面。在属性栏中的"页面度量"选项中分别设置宽度为200mm，高度为100mm，按Enter键，页面尺寸显示为设置的大小。

（2）按Ctrl+I组合键，弹出"导入"对话框，选择本书学习资源中的"Ch03 > 效果 > 新年贺卡正面设计 > 新年贺卡正面底图"文件，单击"导入"按钮，在页面中单击导入图片，如图3-16所示。按P键，图片在页面中居中对齐，效果如图3-17所示。

图3-16

图3-17

（3）选择"文本"工具，在页面中适当的位置输入需要的文字，选择"选择"工具，在属性栏中选取适当的字体并设置文字大小，效果如图3-18所示。选择"形状"工具，向左拖曳文字下方的图标，调整文字的间距，效果如图3-19所示。

图3-18

图3-19

（4）选择"形状"工具，单击选取文字
"年"的节点，在属性栏中进行设置，如图3-20
所示，按Enter键，效果如图3-21所示。

图3-20

图3-21

（5）按Ctrl+K组合键，将文字进行拆分，拆
分完成后"恭"字呈选中状态，如图3-22所示。
选择"选择"工具，选取文字"贺"，拖曳文
字到适当的位置，并调整其大小，效果如图3-23
所示。

图3-22

图3-23

（6）选择"选择"工具，用圈选的方法将
输入的文字全部选取，按Ctrl+G组合键，将其群
组，效果如图3-24所示。

图3-24

（7）按F11键，弹出"编辑填充"对话框，
选择"渐变填充"按钮，将"起点"颜色的
CMYK值设置为：0、100、100、38，"终点"颜
色的CMYK值设置为：0、100、100、0，其他选项
的设置如图3-25所示。单击"确定"按钮，填充
文字，效果如图3-26所示。

图3-25

图3-26

（8）选择"轮廓图"工具，在文字上拖曳
光标，为文字对象添加轮廓化效果。在属性栏中
将"填充色"选项颜色设为白色，其他选项的设

置如图3-27所示。按Enter键确认操作，效果如图
3-28所示。

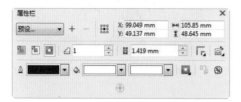

图3-27

图3-28

（9）选择"阴影"工具 🔲，在文字对象中由
上至下拖曳光标，为图片添加阴影效果，在属性
栏中的设置如图3-29所示；按Enter键，效果如图
3-30所示。

图3-29

图3-30

3.1.3　添加祝福性文字

（1）选择"椭圆形"工具 ⭕，按住Ctrl键的
同时，在适当的位置绘制一个圆形，如图3-31所
示。在"CMYK调色板"中的"红"色块上单击鼠
标左键，填充图形，并去除图形的轮廓线，效果
如图3-32所示。

图3-31

图3-32

（2）选择"选择"工具 ▶，按数字键盘上的
+键，复制圆形。按住Shift键的同时，水平向右
拖曳复制的圆形到适当的位置，效果如图3-33所
示。按住Ctrl键的同时，再连续按D键，按需要再
制出多个圆形，效果如图3-34所示。

图3-33

图3-34

（3）选择"文本"工具 🄰，在适当的位置
输入需要的文字，选择"选择"工具 ▶，在属性
栏中选取适当的字体并设置文字大小，填充文字
为白色，效果如图3-35所示。选择"形状"工具
🄫，向右拖曳文字下方的 ⫼图标，调整文字的间
距，效果如图3-36所示。

图3-35

图3-36

（4）选择"文本"工具，在适当的位置分别输入需要的文字，选择"选择"工具，在属性栏中分别选取适当的字体并设置文字大小，效果如图3-37所示。

图3-37

（5）按Ctrl+I组合键，弹出"导入"对话框，选择本书学习资源中的"Ch03 > 素材 > 新年贺卡正面设计 > 05"文件，单击"导入"按钮，在页面中单击导入图片，将其拖曳到适当的位置

并调整其大小，效果如图3-38所示。

图3-38

（6）新年贺卡正面制作完成，效果如图3-39所示。按Ctrl+S组合键，弹出"保存绘图"对话框，将制作好的图像命名为"新年贺卡正面"，保存为CDR格式，单击"保存"按钮，保存图像。

图3-39

3.2　新年贺卡背面设计

案例学习目标：在Photoshop中，学习添加定义图案命令和图层控制面板制作贺卡背面底图；在CorelDRAW中，使用文本工具和调和工具添加并编辑文字制作祝福语。

案例知识要点：在Photoshop中，使用渐变工具绘制背景，使用移动工具、定义图案命令、图案填充调整层、图层混合模式和不透明度选项制作纹理；在CorelDRAW中，使用文本工具添加祝福语，使用阴影工具为文字添加阴影效果，使用手绘工具、轮廓笔对话框制作虚线效果。新年贺卡背面设计效果如图3-40所示。

图3-40

效果所在位置：Ch03/效果/新年贺卡背面设计/新年贺卡背面.cdr。

Photoshop 应用

3.2.1　绘制贺卡背面底图

（1）打开Photoshop CS6软件，按Ctrl＋N组合键，新建一个文件，宽度为20厘米，高度为10厘米，分辨率为150像素/英寸，颜色模式为RGB，背景内容为白色，单击"确定"按钮。

（2）选择"渐变"工具，单击属性栏中的"点按可编辑渐变"按钮，弹出"渐变编辑器"对话框，在"位置"选项中分别输入0、62两个位置点，分别设置两个位置点颜色的RGB值为0（173、0、0）、62（255、0、0），如图3-41所示，单击"确定"按钮。选中属性栏中的"径向渐变"按钮，按住Shift键的同时，在图像窗口中从中心向右侧拖曳渐变色，松开鼠标，效果如图3-42所示。

图3-41

图3-42

（3）按Ctrl+O组合键，打开本书学习资源中的"Ch03 > 素材 > 新年贺卡背面设计 > 01"文件。选择"移动"工具，将01图像拖曳到新建的文件中，效果如图3-43所示，在"图层"控制面板中生成新的图层。单击"背景"图层左侧的眼睛图标，隐藏该图层，如图3-44所示。

图3-43

图3-44

（4）选择"矩形选框"工具，图像周围绘制选区，如图3-45所示。选择"编辑 > 定义图案"命令，在弹出的对话框中进行设置，如图3-46所示，单击"确定"按钮，定义图案。按Delete键，删除选区中的图像。按Ctrl+D组合键，取消选区。

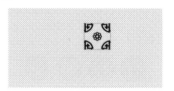

图3-45

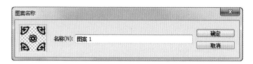

图3-46

（5）单击"图层"控制面板下方的"创建新的填充或调整图层"按钮，在弹出的菜单中选择"图案填充"命令，在"图层"控制面板中生成"图案填充1"图层，同时弹出"图案填充"对话框，选择新定义的图案，设置如图3-47所示，单击"确定"按钮，效果如图3-48所示。

图3-47

图3-48

（6）在"图层"控制面板上方，将"图案填充1"图层的混合模式选项设为"正片叠底"，"不透明度"选项设为5%，如图3-49所示，按Enter键确认操作，效果如图3-50所示。

图3-49

图3-50

（7）新年贺卡背面底图制作完成。按Shift+Ctrl+E组合键，合并可见图层。按Ctrl+S组合键，弹出"存储为"对话框，将其命名为"新年贺卡背面底图"，保存为JPEG格式，单击"保存"按钮，弹出"JPEG选项"对话框，单击"确定"按钮，将图像保存。

CorelDRAW 应用

3.2.2　添加并编辑祝福性文字

（1）打开CorelDRAW X7软件，按Ctrl+N组合键，新建一个页面。在属性栏中的"页面度量"选项中分别设置宽度为200mm，高度为100mm，按Enter键，页面尺寸显示为设置的大小。

（2）按Ctrl+I组合键，弹出"导入"对话框，选择本书学习资源中的"Ch03 > 效果 > 新年贺卡背面设计 > 新年贺卡背面底图"文件，单击"导入"按钮，在页面中单击导入图片，如图3-51所示。按P键，图片在页面中居中对齐，效果如图3-52所示。

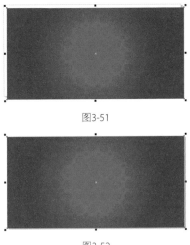

图3-51

图3-52

（3）按Ctrl+I组合键，弹出"导入"对话框，选择本书学习资源中的"Ch03 > 素材 > 新年贺卡背面设计 > 02"文件，单击"导入"按钮，在页面中单击导入图片，将其拖曳到适当的位置并调整其大小，效果如图3-53所示。选择"对象 > 对齐和分布 > 在页面水平居中"命令，图片在页面中水平居中对齐，效果如图3-54所示。

图3-53

图3-54

（4）选择"阴影"工具 ▣，在图片中由上至下拖曳光标，为图片添加阴影效果，在属性栏中的设置如图3-55所示；按Enter键，效果如图3-56所示。

图3-55

图3-56

（5）选择"文本"工具，在适当的位置分别输入需要的文字，选择"选择"工具，在属性栏中分别选取适当的字体并设置文字大小，效果如图3-57所示。用圈选的方法将输入的文字同时选取，选择"对象 > 对齐和分布 > 在页面水平居中"命令，文字在页面中水平居中对齐，效果如图3-58所示。

图3-57

图3-58

（6）选择"选择"工具，按住Shift键的同时，选取需要的文字，设置文字颜色的CMYK值为0、0、60、0，填充文字，效果如图3-59所示。按Ctrl+G组合键，将其群组，效果如图3-60所示。

图3-59

图3-60

（7）选择"阴影"工具，在文字对象中由上至下拖曳光标，为文字添加阴影效果，在属性栏中的设置如图3-61所示。按Enter键，效果如图3-62所示。

图3-61

图3-62

（8）选择"手绘"工具，按住Ctrl键的同时，在适当的位置绘制一条直线，如图3-63所示。按F12键，弹出"轮廓笔"对话框，在"颜色"选项中设置轮廓线颜色的CMYK值为0、0、100、0，其他选项的设置如图3-64所示。单击"确定"按钮，效果如图3-65所示。

图3-63

图3-65

（9）新年贺卡背面制作完成，效果如图3-66所示。按Ctrl+S组合键，弹出"保存绘图"对话框，将制作好的图像命名为"新年贺卡背面"，保存为CDR格式，单击"保存"按钮，保存图像。

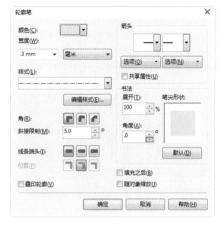

图3-64

图3-66

3.3　课后习题——中秋贺卡设计

习题知识要点： 在Photoshop中，使用图层控制面板、画笔工具和调整命令制作中秋贺卡正面底图，使用选框工具、图层控制面板、画笔工具和高斯模糊命令制作中秋贺卡背面底图；在CorelDRAW中，使用导入命令、图框精确剪裁命令、绘图工具、文本工具制作主体文字、祝福语和装饰图形。中秋贺卡正面、背面设计效果如图3-67所示。

效果所在位置： Ch03/效果/中秋贺卡设计/中秋贺卡正面、中秋贺卡背面.cdr。

图3-67

第 4 章

书籍装帧设计

本章介绍

　　精美的书籍装帧设计可以带给读者更多的阅读乐趣。一本好书是好的内容和好的书籍装帧的完美结合。本章主要讲解的是书籍的封面设计。封面设计包括书名、色彩、装饰元素，以及作者和出版社名称等内容。本章以美食书籍封面设计为例，讲解封面的设计方法和制作技巧。

学习目标

◆ 在Photoshop软件中制作书籍封面底图。
◆ 在CorelDRAW软件中添加文字及出版信息。

技能目标

◆ 掌握"美食书籍封面"的制作方法。
◆ 掌握"探秘宇宙书籍封面"的制作方法。

4.1 美食书籍封面设计

案例学习目标： 在Photoshop中，学习使用参考线分割页面，使用移动工具、高斯模糊命令、图层面板编辑图片制作背景效果；在CorelDRAW中，学习使用绘图工具和文本工具添加相关内容和出版信息。

案例知识要点： 在Photoshop中，使用新建参考线命令分割页面，使用高斯模糊命令模糊背景图片，使用蒙版和渐变工具擦除图片中不需要的图片区域，使用复制命令和图层面板添加花纹；在CorelDRAW中，使用导入命令导入需要的图片，使用文本工具和文本属性面板来编辑文本，使用文本工具、转换为曲线命令和形状工具制作书名，使用椭圆形工具、导入命令和文本工具制作标签，使用图框精确剪裁命令制作文字和图片的剪裁效果，使用插入条形码命令添加书籍条形码。美食书籍封面设计效果如图4-1所示。

效果所在位置： Ch04/效果/美食书籍封面设计/美食书籍封面.cdr。

图4-1

Photoshop 应用

4.1.1 制作封面底图

（1）打开Photoshop CS6软件，按Ctrl+N组合键，新建一个文件，宽度为38.4厘米，高度为26.6厘米，分辨率为300像素/英寸，颜色模式为RGB，背景内容为白色。选择"视图 > 新建参考线"命令，弹出"新建参考线"对话框，设置如图4-2所示，单击"确定"按钮，效果如图4-3所示。用相同的方法，在18.7厘米、19.7厘米和38.1厘米处新建3条垂直参考线，效果如图4-4所示。

图4-2

图4-3　　　　　　　　图4-4

（2）选择"视图 > 新建参考线"命令，弹出"新建参考线"对话框，设置如图4-5所示，单击"确定"按钮，效果如图4-6所示。用相同的方法，在26.3厘米处新建水平参考线，效果如图4-7所示。

图4-5

图4-6　　　　　　　　图4-7

（3）将前景色设为粉红色（其R、G、B值分别为253、128、164），按Alt+Delete组合键，用前景色填充"背景"图层，效果如图4-8所示。按Ctrl＋O组合键，打开本书学习资源中的"Ch04 > 素材 > 美食书籍封面设计 > 01"文件，选择"移动"工具 ，将图片拖曳到图像窗口的适当位置，并调整其大小，效果如图4-9所示，在"图层"控制面板中生成新图层并将其命名为"图片"。

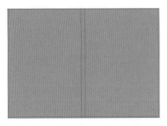

图4-8

图4-9

（4）将"图片"图层拖曳到"图层"控制面板下方的"创建新图层"按钮 上进行复制，生成新的图层"图片 副本"，如图4-10所示。单击副本图层左侧的眼睛 图标，将副本图层隐藏，并选取"图片"图层，如图4-11所示。

图4-10

图4-11

（5）选择"滤镜 > 模糊 > 高斯模糊"命令+，在弹出的对话框中进行设置，如图4-12所示，单击"确定"按钮，效果如图4-13所示。

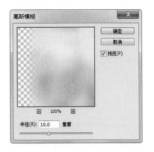

图4-12

图4-13

（6）在"图层"控制面板上方，将"图片"图层的"不透明度"选项设为73%，如图4-14所示，图像效果如图4-15所示。

图4-14

图4-15

（7）单击"图片副本"图层左侧的空白 图标，显示并选取该图层；将"不透明度"选项设为62%，如图4-16所示。单击"图层"控制面板下方的"添加图层蒙版"按钮 ，为图层添加蒙版，如图4-17所示。

图4-16

图4-17

（8）选择"渐变"工具，单击属性栏中的"点按可编辑渐变"按钮，弹出"渐变编辑器"对话框，将渐变色设为从黑色到白色，单击"确定"按钮。在图片上由上至中间拖曳渐变色，松开鼠标后的效果如图4-18所示。

图4-18

（9）按Ctrl＋O组合键，打开本书学习资源中的"Ch04＞素材＞美食书籍封面设计＞02"文件，选择"移动"工具，将图片拖曳到图像窗口的适当位置，并调整其大小，效果如图4-19所示，在"图层"控制面板中生成新图层并将其命名为"花纹"。

图4-19

（10）在"图层"控制面板上方，将"花纹"图层的混合模式选项设为"正片叠底"，"不透明度"选项设为56%，如图4-20所示，图像窗口中的效果如图4-21所示。

图4-20

图4-21

（11）选择"移动"工具，按住Alt键的同时，拖曳图像到适当的位置，复制图像。按Ctrl+T组合键，图像周围出现变换框，按住Shift+Alt组合键的同时，向外拖曳变换框的控制手柄，等比例放大图像，按Enter键确定操作，效果如图4-22所示，"图层"控制面板如图4-23所示。用相同的方法复制其他图形，效果如图4-24所示。

图4-22

图4-23

图4-24

（12）按Ctrl+；组合键，隐藏参考线。按Shift+Ctrl+E组合键，合并可见图层。按Ctrl+S组合键，弹出"存储为"对话框，将其命名为"美食书籍封面底图"，保存为JPEG格式，单击"保存"按钮，弹出"JPEG选项"对话框，单击"确定"按钮，将图像保存。

CorelDRAW 应用

4.1.2 添加参考线

（1）打开CorelDRAW X7软件，按Ctrl+N组合键，新建一个页面。在属性栏的"页面度量"选项中分别设置宽度为378mm，高度为260mm，按Enter键，页面显示为设置的大小，如图4-25所示。选择"视图 > 页 > 出血"命令，在页面周围显示出血，如图4-26所示。

图4-25　　　　　图4-26

（2）按Ctrl+J组合键，弹出"选项"对话框，选择"辅助线/水平"选项，在"文字框"中设置数值为0，如图4-27所示，单击"添加"按钮，在页面中添加一条水平辅助线。用相同的方法在189mm处添加一条水平辅助线，单击"确定"按钮，效果如图4-28所示。

图4-27

图4-28

（3）按Ctrl+J组合键，弹出"选项"对话框，选择"辅助线/垂直"选项，在"文字框"中设置数值为0，如图4-29所示，单击"添加"按钮，在页面中添加一条垂直辅助线。用相同的方法在184mm、194mm、378mm处添加3条垂直辅助线，单击"确定"按钮，效果如图4-30所示。

图4-29

图4-30

4.1.3 制作书籍名称

（1）按Ctrl+I组合键，弹出"导入"对话框，打开本书学习资源中的"Ch04 > 效果 > 美食书籍封面设计 > 美食书籍封面底图"文件，单击"导入"按钮，在页面中单击导入图片。按P

键，图片居中对齐页面，效果如图4-31所示。

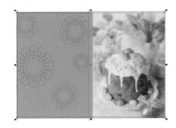

图4-31

（2）选择"文本"工具 🖹，在页面中分别输入需要的文字，选择"选择"工具 🖹，在属性栏中选取适当的字体并设置文字大小，效果如图4-32所示。

图4-32

（3）分别选取需要的文字，设置文字颜色的CMYK值为0、85、100、0和0、60、100、0，填充文字，效果如图4-33所示。按住Shift键的同时，选取两个文字，再次单击文字，使其处于选取状态，向右拖曳上方中间的控制手柄到适当的位置，效果如图4-34所示。

图4-33　　　　　　　图4-34

（4）选择"选择"工具 🖹，选取需要的文字。选择"轮廓图"工具 🔲，向左侧拖曳光标，为图形添加轮廓化效果。在属性栏中将"填充色"选项设置为白色，其他选项的设置如图4-35所示，按Enter键，效果如图4-36所示。

图4-35

图4-36

（5）选择"选择"工具 🖹，选取需要的文字。选择"轮廓图"工具 🔲，向左侧拖曳光标，为图形添加轮廓化效果。在属性栏中将"填充色"选项设置为白色，其他选项的设置如图4-37所示，按Enter键，效果如图4-38所示。

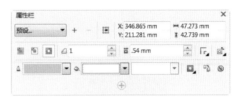

图4-37

图4-38

（6）选择"文本"工具 🖹，在页面中适当的位置分别输入需要的文字，选择"选择"工具 🖹，在属性栏中选取适当的字体并设置文字大小，效果如图4-39所示。分别选取需要的文字，设置文字颜色的CMYK值为0、85、100、0和0、0、100、0，填充文字，效果如图4-40所示。

图4-39 　　　　　图4-40

（7）选择"选择"工具 🔧 ，选取需要的文字。按Ctrl+T组合键，弹出"文本属性"泊坞窗，单击"段落"按钮 🔳 ，选项的设置如图4-41所示，按Enter键，效果如图4-42所示。

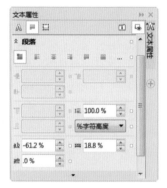

图4-41

图4-42

（8）选择"选择"工具 🔧 ，选取需要的文字。选择"轮廓图"工具 🔳 ，向左侧拖曳光标，为图形添加轮廓化效果。在属性栏中将"填充色"选项颜色的CMYK值设为0、60、60、40，其他选项的设置如图4-43所示，按Enter键，效果如图4-44所示。

图4-43

图4-44

（9）选择"选择"工具 🔧 ，选取需要的文字。选择"轮廓图"工具 🔳 ，向左侧拖曳光标，为图形添加轮廓化效果。在属性栏中将"填充色"选项设置为白色，其他选项的设置如图4-45所示，按Enter键，效果如图4-46所示。

图4-45

图4-46

（10）选择"椭圆形"工具 ⬭ ，按住Ctrl键的同时，绘制一个圆形，设置图形颜色的CMYK值为0、60、100、0，填充图形，并去除图形的轮廓线，效果如图4-47所示。选择"选择"工具 🔧 ，选取圆形，按数字键盘上的+键，复制圆形，拖曳到适当的位置，效果如图4-48所示。设置图形颜色的CMYK值为0、85、100、0，填充图形，效果如图4-49所示。

图4-47

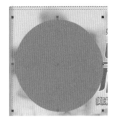

图4-48　　　　　　　　　图4-49

（11）按Ctrl+I组合键，弹出"导入"对话框，打开本书学习资源中的"Ch04 > 素材 > 美食书籍封面设计 > 03"文件，单击"导入"按钮，在页面中单击导入图片，将其拖曳到适当的位置并调整其大小，如图4-50所示。

图4-50

（12）选择"文本"工具，在页面中分别输入需要的文字，选择"选择"工具，在属性栏中选取适当的字体并设置文字大小，效果如图4-51所示。将两个文字同时选取，按Ctrl+Q组合键，转换为曲线，效果如图4-52所示。

图4-51　　　　　　　图4-52

（13）选择"选择"工具，选取文字"时"。选择"形状"工具，按住Shift键的同时，将需要的锚点同时选取，如图4-53所示。按Delete键，删除选取的锚点，效果如图4-54所示。选择"选择"工具，选取文字"尚"，拖曳到适当的位置，效果如图4-55所示。

图4-53　　　　　图4-54　　　　　图4-55

（14）选择"形状"工具，按住Shift键的同时，将需要的锚点同时选取，如图4-56所示。向上拖曳到适当的位置，效果如图4-57所示。

图4-56　　　　　　　图4-57

（15）选择"选择"工具，用圈选的方法将需要的文字同时选取，单击属性栏中的"合并"按钮，合并文字图形，如图4-58所示。拖曳到适当的位置，效果如图4-59所示。设置图形颜色的CMYK值为0、0、100、0，填充图形，设置轮廓线颜色的CMYK值为0、20、40、60，填充轮廓线。在属性栏的"轮廓宽度" ⌴.2mm ▾ 框中设置数值为1mm，按Enter键，效果如图4-60所示。

图4-58

图4-59　　　　　　　图4-60

（16）选择"文本"工具，在页面中输入需要的文字。选择"选择"工具，在属性栏中选取适当的字体并设置文字大小，设置文字颜色的CMYK值为0、0、20、80，填充文字，效果如图4-61所示。连续按Ctrl+PageDown组合键，将文字后移到适当的位置，效果如图4-62所示。

图4-61

图4-62

（17）保持文字的选取状态，选择"轮廓图"工具，向左侧拖曳光标，为图形添加轮廓化效果。在属性栏中将"填充色"选项设置为白色，其他选项的设置如图4-63所示，按Enter键，效果如图4-64所示。

图4-63

图4-64

（18）选择"文本"工具，在页面中输入需要的文字。选择"选择"工具，在属性栏中选取适当的字体并设置文字大小，效果如图4-65所示。在"文本属性"泊坞窗中，选项的设置如图4-66所示，按Enter键，效果如图4-67所示。

图4-65

图4-66

图4-67

（19）保持文字的选取状态，设置文字颜色的CMYK值为0、85、100、0，填充文字，效果如图4-68所示。选择"选择"工具，选取需要的圆形。按数字键盘上的+键，复制圆形。按Shift+PageUp组合键，将复制的圆形移到图层的前面，效果如图4-69所示。设置图形颜色的CMYK值为0、20、60、20，填充图形，效果如图4-70所示。

图4-68

图4-69

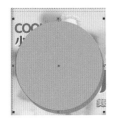

图4-70

（20）保持图形的选取状态。选择"对象 > 图框精确剪裁 > 置于图文框内部"命令，鼠标光标变为黑色箭头在文字上单击，如图4-71所示，将图形置入文字中，效果如图4-72所示。连续按Ctrl+PageDown组合键，将文字后移到适当的位置，效果如图4-73所示。

图4-71　　　　　　图4-72

图4-73

（21）选择"文本"工具，在适当的位置输入需要的文字。选择"选择"工具，在属性栏中选取适当的字体并设置文字大小，设置文字颜色的CMYK值为0、0、20、80，填充文字，效果如图4-74所示。

图4-74

（22）按F12键，弹出"轮廓笔"对话框，将"颜色"选项设置为白色，其他选项的设置如图4-75所示，单击"确定"按钮，效果如图4-76所示。

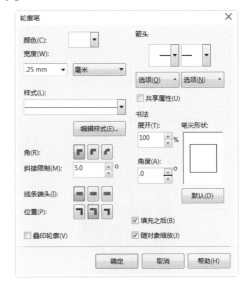

图4-75

图4-76

（23）选择"选择"工具，用圈选的方法将需要的图形和文字同时选取，如图4-77所示。连续按Ctrl+PageDown组合键，将其后移到适当的位置，效果如图4-78所示。

图4-77　　　　　　图4-78

（24）选择"矩形"工具，在适当的位置

绘制一个矩形，设置图形颜色的CMYK值为0、85、100、0，填充图形，并去除图形的轮廓线。在属性栏的"转角半径" 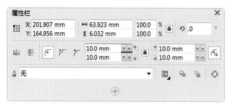 框中设置数值为10mm，如图4-79所示，按Enter键，效果如图4-80所示。

图4-79

图4-80

（25）选择"文本"工具，在适当的位置输入需要的文字。选择"选择"工具，在属性栏中选取适当的字体并设置文字大小，填充文字为白色，效果如图4-81所示。选择"椭圆形"工具，按住Ctrl键的同时，绘制一个圆形，填充图形为白色，并去除图形的轮廓线，效果如图4-82所示。

图4-81

图4-82

（26）选择"文本"工具，在适当的位置输入需要的文字。选择"选择"工具，在属性栏中选取适当的字体并设置文字大小，设置文字颜色的CMYK值为0、85、100、0，填充文字，效果如图4-83所示。在属性栏中的"旋转角度" 框中设置数值为22度，按Enter键，效果如图4-84所示。

图4-83

图4-84

4.1.4　制作标签

（1）选择"椭圆形"工具，按住Ctrl键的同时，绘制一个圆形。填充为白色，设置轮廓线颜色的CMYK值为53、46、100、1，填充轮廓线。在属性栏的"轮廓宽度" 框中设置数值为1.4mm，按Enter键，效果如图4-85所示。

（2）选择"选择"工具，按数字键盘上的+键，复制圆形。按住Shift键的同时，向内拖曳控制手柄，等比例缩小圆形。设置轮廓线颜色的CMYK值为0、0、20、80，填充轮廓线。在属性栏的"轮廓宽度" 框中设置数值为0.5mm，按Enter键，效果如图4-86所示。

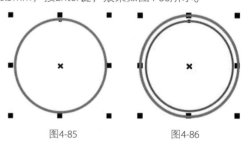

图4-85　　　　　　图4-86

（3）按Ctrl+I组合键，弹出"导入"对话框，打开本书学习资源中的"Ch04 > 素材 > 美食书籍封面设计 > 04"文件，单击"导入"按钮，在页面中单击导入图片，将其拖曳到适当的位置并调整其大小，如图4-87所示。

（4）选择"文本"工具，在适当的位置分别输入需要的文字。选择"选择"工具，在属性栏中选取适当的字体并设置文字大小，设置文字颜色的CMYK值为53、46、100、1，填充文字，效果如图4-88所示。

图4-87　　　　　图4-88

（5）选取需要的文字，在"文本属性"泊坞窗中，选项的设置如图4-89所示，按Enter键，效果如图4-90所示。用圈选的方法将需要的图形和文字同时选取，拖曳到适当的位置，效果如图4-91所示。

图4-89

图4-90

图4-91

4.1.5　添加出版社信息

（1）选择"文本"工具，在适当的位置分别输入需要的文字。选择"选择"工具，在属性栏中分别选取适当的字体并设置文字大小，效果如图4-92所示。选取需要的文字，在"文本属性"泊坞窗中，选项的设置如图4-93所示，按Enter键，效果如图4-94所示。

图4-92

图4-93

图4-94

（2）选择"贝塞尔"工具，绘制一个图形。设置图形颜色的CMYK值为0、100、100、20，填充图形，并去除图形的轮廓线，效果如图4-95所示。选择"文本"工具，在适当的位置输入需要的文字。选择"选择"工具，在属性栏中分别选取适当的字体并设置文字大小，设置文字颜色的CMYK值为0、0、20、0，填充文字，效果如图4-96所示。

图4-95

图4-96

4.1.6　制作封底图形和文字

（1）选择"矩形"工具，绘制一个矩形，填充为白色，效果如图4-97所示。在属性栏中单击"同时编辑所有角"按钮，使其处于未锁定状态，选项的设置如图4-98所示，按Enter键，效果如图4-99所示。

图4-97

图4-98

图4-99

（2）按F12键，弹出"轮廓笔"对话框，将"颜色"选项的CMYK值设置为0、85、100、0，其他选项的设置如图4-100所示，单击"确定"按钮，效果如图4-101所示。

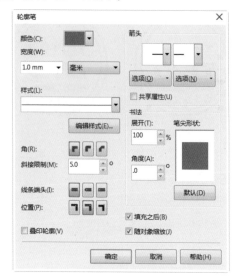

图4-100

图4-101

（3）选择"文本"工具，在适当的位置分别拖曳文本框并输入需要的文字。选择"选择"工具，在属性栏中分别选取适当的字体并设置文字大小，效果如图4-102所示。

图4-102

（4）选择"文本"工具 ，分别选取需要的文字，设置文字颜色的CMYK值为0、85、100、0，填充文字，效果如图4-103所示。选择"2点线"工具 ，绘制一条直线，设置轮廓线颜色的CMYK值为0、85、100、0，填充轮廓线，效果如图4-104所示。

图4-103

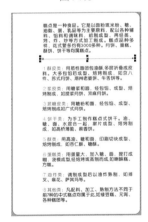

图4-104

（5）按Ctrl+I组合键，弹出"导入"对话框，打开本书学习资源中的"Ch04 > 素材 > 美食书籍封面设计 > 03"文件，单击"导入"按钮，在页面中单击导入图片，将其拖曳到适当的位置并调整其大小，如图4-105所示。

（6）选择"矩形"工具 ，绘制一个矩形。在属性栏的"转角半径" 框中设置数值为3mm，如图4-106所示，按Enter键，效果如图4-107所示。

图4-105

图4-106

图4-107

（7）选择"选择"工具 ，分别选取需要的文字，复制并调整其位置和大小，效果如图4-108所示。分别选取文字，设置文字颜色的CMYK值为0、0、100、0和0、0、20、0，分别填充文字，效果如图4-109所示。

图4-108　　　　　图4-109

（8）按Ctrl+I组合键，弹出"导入"对话框，打开本书学习资源中的"Ch04 > 素材 > 美食书籍封面设计 > 05"文件，单击"导入"按钮，在页面中单击导入图片，将其拖曳到适当的位置并调整其大小，如图4-110所示。

图4-110

（9）选择"矩形"工具 ，在适当的位置绘制一个矩形，如图4-111所示。选择"选择"工具 ，选取图片。选择"对象 > 图框精确剪裁 > 置于图文框内部"命令，鼠标光标变为黑色箭头，在矩形框上单击，如图4-112所示，将图片置入矩形中，并去除图形的轮廓线，效果如图4-113所示。

图4-111

图4-112

图4-113

（10）选择"选择"工具 ，选取需要的标签。按数字键盘上的+键，复制图形，拖曳到适当的位置并调整其大小，效果如图4-114所示。

选择"文本"工具 ，在适当的位置输入需要的文字。选择"选择"工具 ，在属性栏中选取适当的字体并设置文字大小，效果如图4-115所示。

图4-114

图4-115

（11）选择"对象 > 插入条码"命令，弹出"条码向导"对话框，在各选项中按要求进行设置，如图4-116所示。设置好后，单击"下一步"按钮，在设置区内按要求进行设置，如图4-117所示。设置好后，单击"下一步"按钮，在设置区内按要求进行各项设置，如图4-118所示。设置好后，单击"完成"按钮，效果如图4-119所示。选择"选择"工具 ，选取条形码，将其拖曳到适当的位置并调整其大小，如图4-120所示。

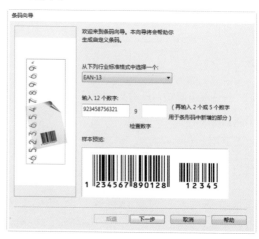

图4-116

图4-117

图4-118

图4-119　　　　　　图4-120

（12）选择"矩形"工具▢，在适当的位置绘制一个矩形，填充为白色，并去除图形的轮廓

线，如图4-121所示。按Ctrl+PageDown组合键，后移矩形，效果如图4-122所示。

图4-121　　　　　　图4-122

4.1.7　制作书脊

（1）选择"矩形"工具▢，在适当的位置绘制一个矩形。设置图形颜色的CMYK值为0、85、100、0，填充图形，并去除图形的轮廓线。单击属性栏中的"扇形角"按钮，在"转角半径"▢▢▢▢框中设置数值为10mm，如图4-123所示，按Enter键，效果如图4-124所示。

图4-123

图4-124

（2）选择"文本"工具，在适当的位置输入需要的文字并选取文字，在属性栏中选取适当的字体并设置文字大小。分别选取文字，设置文字颜色的CMYK值为0、0、100、0和白色，填充文字，效果如图4-125所示。

（3）选择"选择"工具，选取需要的文字和图形。按数字键盘上的+键，复制图形和文字，拖曳到适当的位置并调整其大小，效果如图4-126所示。选取需要的文字，单击属性栏中的"将文本更改为垂直方向"按钮▥，将文字更改为垂直方向，效果如图4-127所示。美食书籍封面制作完成，效果如图4-128所示。

图4-128

图4-125 　　图4-126 　　图4-127

4.2 　课后习题——探秘宇宙书籍封面设计

习题知识要点： 在Photoshop中，使用新建参考线命令分割页面，使用图层的混合模式和不透明度选项制作图片融合，使用滤镜库命令制作图片的滤镜效果；在CorelDRAW中，使用文本工具和对象属性面板编辑文本，使用导入命令和置入图文框命令编辑图片，使用投影命令添加投影。探秘宇宙书籍封面设计效果如图4-129所示。

效果所在位置： Ch04/效果/探秘宇宙书籍封面设计/探秘宇宙书籍封面.cdr。

图4-129

第 5 章

唱片封面设计

本章介绍

　　唱片封面设计是应用设计的一个重要门类。唱片封面是音乐的外貌，不仅要体现出唱片的内容和性质，还要体现出音乐的美感。本章以瑜伽养生唱片封面设计为例，讲解唱片封面的设计方法和制作技巧。

学习目标

◆ 在Photoshop软件中制作唱片封面底图。

◆ 在CorelDRAW软件中添加相关文字及出版信息。

技能目标

◆ 掌握"瑜伽养生唱片封面"的制作方法。

◆ 掌握"古典音乐唱片封面"的制作方法。

5.1 　瑜伽养生唱片封面设计

案例学习目标：在Photoshop中，学习使用绘图工具、图层调整层和剪贴蒙版制作唱片的封面底图；在CorelDRAW中，学习使用文本工具、绘图工具和编辑工具添加相关文字及出版信息。

案例知识要点：在Photoshop中，使用新建参考线命令分割页面，使用圆角矩形工具和矩形工具绘制形状图形，使用复制命令和变换命令制作背景效果，使用自然饱和度和曲线调整层调整背景效果；在CorelDRAW中，使用文本工具、渐变工具和文本属性面板添加内容文字，使用矩形工具、椭圆形工具、文本工具和阴影工具绘制标签，使用矩形工具和透明度工具制作半透明色块。瑜伽养生唱片封面设计效果如图5-1所示。

效果所在位置：Ch05/效果/瑜伽养生唱片封面设计/瑜伽养生唱片封面.cdr。

图5-1

Photoshop 应用

5.1.1　置入并编辑图片

（1）打开Photoshop CS6软件，按Ctrl+N组合键，新建一个文件，宽度为30.45厘米，高度为13.2厘米，分辨率为300像素/英寸，颜色模式为RGB，背景内容为白色。选择"视图 > 新建参考线"命令，弹出"新建参考线"对话框，设置如图5-2所示，单击"确定"按钮，效果如图5-3所示。用相同的方法，在15.85厘米处新建一条垂直参考线，效果如图5-4所示。

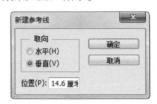

图5-2

图5-3

图5-4

（2）选择"圆角矩形"工具，在属性栏的"选择工具模式"选项中选择"形状"，将"半径"选项设为60像素，在图像窗口中绘制圆角矩形，如图5-5所示，在"图层"控制面板中生成新的图层。选择"移动"工具，按住Alt键的同时，将其拖曳到适当的位置，效果如图5-6所示。

图5-5

图5-6

（3）选择"矩形"工具 ，在属性栏的"选择工具模式"选项中选择"形状"，在图像窗口中绘制矩形，如图5-7所示。按住Shift键的同时，将3个形状图层同时选取。按Ctrl+E组合键，合并图层并将其命名为"图形"，如图5-8所示。

图5-7

图5-8

（4）按Ctrl+O组合键，打开本书学习资源中的"Ch05 > 素材 > 瑜伽养生唱片封面设计 > 01"文件，选择"移动"工具 ，将图片拖曳到图像窗口的适当位置，并调整其大小，效果如图5-9所示，在"图层"控制面板中生成新图层并将其命名为"图片"。

图5-9

（5）按住Alt键的同时，将图片拖曳到适当的位置，复制图片，如图5-10所示，在"图层"控制面板中生成副本图层。按Ctrl+T组合键，图像周围出现变换框，单击鼠标右键，在弹出的菜单中选择"水平翻转"命令，翻转图像，按Enter键确认操作，效果如图5-11所示。

图5-10

图5-11

（6）按住Shift键的同时，将"图片"图层和"图层副本"图层同时选取，按Ctrl+E组合键，合并图层并将其命名为"合成图片"，如图5-12所示。按Ctrl+Alt+G组合键，创建剪贴蒙版，"图层"面板如图5-13所示，图像效果如图5-14所示。

图5-12

图5-13

图5-14

（7）单击"图层"控制面板下方的"创建新的填充或调整图层"按钮 ，在弹出的菜单中选择"自然饱和度"命令，在"图层"控制面板中生成"自然饱和度1"图层，同时弹出"自然饱和度"面板，选项的设置如图5-15所示，按Enter键，图像效果如图5-16所示。

图5-15

图5-16

（8）单击"图层"控制面板下方的"创建新的填充或调整图层"按钮 ，在弹出的菜单中选择"曲线"命令，在"图层"控制面板中生成"曲线1"图层，同时弹出"曲线"面板，在曲线上单击鼠标添加控制点，将"输入"选项设为60，"输出"选项设为44，如图5-17所示，按Enter键，图像效果如图5-18所示。

图5-17

图5-18

（9）按Ctrl+；组合键，隐藏参考线。按Shift+Ctrl+E组合键，合并可见图层。按Ctrl+S组合键，弹出"存储为"对话框，将其命名为"瑜伽养生唱片封面底图"，保存为JPEG格式，单击"保存"按钮，弹出"JPEG选项"对话框，单击"确定"按钮，将图像保存。

CorelDRAW 应用

5.1.2　制作封面内容

（1）打开CorelDRAW X7软件，按Ctrl+N组合键，新建一个页面。在属性栏的"页面度量"选项中分别设置宽度为304.5mm，高度为132mm，按Enter键，页面显示为设置的大小。按Ctrl+I组合键，弹出"导入"对话框，打开本书学习资源中的"Ch05 > 效果 > 瑜伽养生唱片封面设计 > 瑜伽养生唱片封面底图"文件，单击"导入"按钮，在页面中单击导入图片。按P键，图片居中对齐页面，效果如图5-19所示。

图5-19

（2）选择"矩形"工具 ，绘制一个矩形。设置图形颜色的CMYK值为38、0、40、0，填充图形，并去除图形的轮廓线，在属性栏中单击"同

时编辑所有角"按钮 ，使其处于未锁定状态，选项的设置如图5-20所示，按Enter键，效果如图5-21所示。

图5-20

图5-21

（3）选择"透明度"工具 ，在属性栏中单击"均匀透明度"按钮 ，其他选项的设置如图5-22所示，按Enter键，效果如图5-23所示。

图5-22

图5-23

（4）选择"文本"工具 ，在页面中分别输入需要的文字。选择"选择"工具 ，在属性栏中分别选取适当的字体并设置文字大小，效果如图5-24所示。

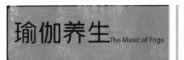

图5-24

（5）选择"选择"工具 ，选取需要的文字。按Ctrl+T组合键，弹出"文本属性"泊坞窗，单击"段落"按钮 ，选项的设置如图5-25所示，按Enter键，效果如图5-26所示。

图5-25

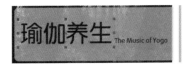

图5-26

（6）选择"选择"工具 ，选择文字"瑜伽养生"。选择"编辑填充"工具 ，弹出"编辑填充"对话框，单击"渐变填充"按钮 ，在"位置"选项中分别输入0、100两个位置点，分别设置位置点颜色的CMYK值为0（0、90、100、0）、100（0、0、100、0），如图5-27所示。单击"确定"按钮，填充文字，效果如图5-28所示。

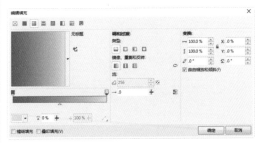

图5-27

图5-28

（7）选择"选择"工具 ，选择右侧的英文文字，设置文字颜色的CMYK值为0、90、100、0，填充文字，效果如图5-29所示。

图5-29

（8）选择"文本"工具 ，在页面中分别输入需要的文字，选择"选择"工具 ，在属性栏中分别选取适当的字体并设置文字大小，填充文字为白色，效果如图5-30所示。

图5-30

（9）选择"选择"工具 ，选取需要的文字。在"文本属性"泊坞窗中，选项的设置如图5-31所示，按Enter键，效果如图5-32所示。

图5-31

图5-32

（10）选择"文本"工具 ，在页面的适当位置分别输入需要的文字，选择"选择"工具 ，在属性栏中分别选取适当的字体并设置文字大小，填充文字为白色，效果如图5-33所示。用圈选的方法将需要的文字同时选取，填充轮廓色为黑色，效果如图5-34所示。

图5-33

图5-34

（11）选择"选择"工具 ，选取需要的文字。在"文本属性"泊坞窗中，选项的设置如图5-35所示，按Enter键，效果如图5-36所示。

图5-35

图5-36

（12）选择"文本"工具 ，在页面中分别输入需要的文字，选择"选择"工具 ，在属性栏中分别选取适当的字体并设置文字大小，填充文字为白色，效果如图5-37所示。选择"选择"工具 ，选取需要的文字。在"文本属性"泊坞窗中，选项的设置如图5-38所示，按Enter键，效果如图5-39所示。

图5-37

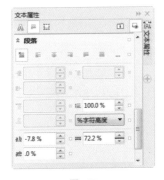

图5-38

图5-39

（13）选择"选择"工具 ，选取需要的文字。在"文本属性"泊坞窗中，选项的设置如图5-40所示，按Enter键，效果如图5-41所示。

图5-40

图5-41

5.1.3　制作标签

（1）选择"矩形"工具 ，绘制一个矩形，设置图形颜色的CMYK值为60、0、100、0，填充图形，并去除图形的轮廓线。在属性栏的"转角半径" 框中设置数值为10mm，如图5-42所示，按Enter键，效果如图5-43所示。

图5-42

图5-43

（2）选择"椭圆形"工具 ，按住Ctrl键的同时，绘制一个圆形，如图5-44所示。选择"选择"工具 ，用圈选的方法将需要的图形同时选取，单击属性栏中的"移除前面对象"按钮 ，修剪图形，效果如图5-45所示。

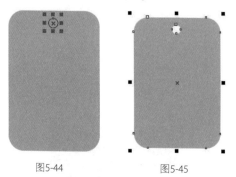

图5-44   图5-45

（3）选择"矩形"工具 ，绘制一个矩形，填充轮廓线为白色。在属性栏的"转角半径" 框中设置数值为8.6mm，如图5-46所示，按Enter键，效果如图5-47所示。

图5-46

图5-47

（4）选择"文本"工具 ，在页面中分别输入需要的文字，选择"选择"工具 ，在属性栏中分别选取适当的字体并设置文字大小，填充文字为白色，效果如图5-48所示。按住Shift键的同时，将需要的文字同时选取，设置文字颜色的CMYK值为100、0、100、70，填充文字，效果如图5-49所示。

图5-48   图5-49

（5）选择"选择"工具 ，用圈选的方法将需要的文字同时选取，在"文本属性"泊坞窗中，选项的设置如图5-50所示，按Enter键，效果如图5-51所示。

图5-50

图5-51

（6）保持文字的选取状态，向上拖曳上方中间的控制手柄到适当的位置，并向下拖曳下方中间的控制手柄到适当的位置，效果如图5-52所示。选择"文本"工具 ，在页面中分别输入需要的文字，选择"选择"工具 ，在属性栏中分别选取适当的字体并设置文字大小，选取需要的文字，填充为白色，效果如图5-53所示。

图5-52 图5-53

图5-57

（7）选择"选择"工具，将需要的文字选取，在"文本属性"泊坞窗中，选项的设置如图5-54所示，按Enter键，效果如图5-55所示。

（9）选择"选择"工具，使用圈选的方法将需要的图形同时选取，拖曳到适当的位置，效果如图5-58所示。在属性栏的"旋转角度"框中设置数值为-22，按Enter键，效果如图5-59所示。

图5-54

图5-58 图5-59

（10）选取需要的图形，如图5-60所示。选择"阴影"工具，在图片上由上至下拖曳光标，为图片添加阴影效果。其他选项的设置如图5-61所示，按Enter键，效果如图5-62所示。

图5-55

（8）选择"选择"工具，将需要的文字选取，在"文本属性"泊坞窗中，选项的设置如图5-56所示，按Enter键，效果如图5-57所示。

图5-60

图5-56

图5-61

图5-62

（11）选择"选择"工具，用圈选的方法将需要的图形同时选取，按数字键盘上的+键，复制图形。在属性栏的"旋转角度" 框中设置数值为33°，按Enter键，效果如图5-63所示。

图5-63

5.1.4 制作封底内容

（1）选择"选择"工具，用圈选的方法将需要的文字同时选取，按数字键盘上的+键，复制文字，效果如图5-64所示。

图5-64

（2）选择"文本"工具，在适当的位置拖曳文本框，输入需要的文字并选取文字，在属性栏中选取适当的字体并设置文字大小，填充文字为白色，效果如图5-65所示。在"文本属性"泊坞窗中，选项的设置如图5-66所示，按Enter键，效果如图5-67所示。

图5-65

图5-66

图5-67

（3）保持文字的选取状态，按F12键，弹出"轮廓笔"对话框，选项的设置如图5-68所示，单击"确定"按钮，效果如图5-69所示。

图5-68

图5-69

（4）选择"矩形"工具 ，绘制一个矩形。设置图形颜色的CMYK值为38、0、40、0，填充图形，并去除图形的轮廓线，效果如图5-70所示。选择"透明度"工具 ，在属性栏中单击"均匀透明度"按钮 ，其他选项的设置如图5-71所示，按Enter键，效果如图5-72所示。

图5-70

图5-71

图5-72

（5）选择"文本"工具 ，在矩形中分别输入需要的文字，选择"选择"工具 ，在属性栏中分别选取适当的字体并设置文字大小，效果如图5-73所示。

图5-73

（6）选择"选择"工具 ，按住Shift键的同时，将需要的文字同时选取。在"文本属性"泊坞窗中，选项的设置如图5-74所示，按Enter键，效果如图5-75所示。

图5-74

图5-75

（7）选择"文本"工具 ，在适当的位置分别输入需要的文字，选择"选择"工具 ，在属性栏中分别选取适当的字体并设置文字大小，填充为白色，效果如图5-76所示。

图5-76

（8）选择"选择"工具 ，将需要的文字选取。在"文本属性"泊坞窗中，选项的设置如图5-77所示，按Enter键，效果如图5-78所示。

图5-77

图5-78

（9）选择"选择"工具 ，将需要的文字选取。在"文本属性"泊坞窗中，选项的设置如图5-79所示，按Enter键，效果如图5-80所示。

图5-79

图5-80

（10）按Ctrl+I组合键，弹出"导入"对话框，打开本书学习资源中的"Ch05 > 素材 > 瑜伽养生唱片封面设计 > 02"文件，单击"导入"按钮，在页面中单击导入图片，拖曳到适当的位置，效果如图5-81所示。

图5-81

（11）保持图形的选取状态，单击属性栏中的"取消组合对象"按钮 ，取消图形的群组。选择"对象 > 锁定 > 对所有对象解锁"命令，解锁对象。按Delete键，删除不需要的图像，效果如图5-82所示。

图5-82

（12）选择"对象 > 插入条码"命令，弹出"条码向导"对话框，在各选项中按要求进行设置，如图5-83所示。设置好后，单击"下一步"按钮，在设置区内按要求进行设置，如图5-84所示。设置好后，单击"下一步"按钮，在设置区内按要求进行各项设置，如图5-85所示。设置好后，单击"完成"按钮，将其拖曳到适当的位置，效果如图5-86所示。

图5-83

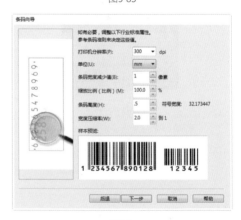

图5-84

图5-85

图5-86

5.1.5　制作书脊内容

（1）选择"文本"工具 ，在适当的位置分别输入需要的文字，选择"选择"工具 ，在属性栏中分别选取适当的字体并设置文字大小，填充为白色，效果如图5-87所示。将输入的文字同时选取，单击属性栏中的"将文本更改为垂直方向"按钮 ，垂直排列文字，效果如图5-88所示。

图5-87　　　　　图5-88

（2）选择"选择"工具 ，将需要的文字选取。在"文本属性"泊坞窗中，选项的设置如图

5-89所示，按Enter键，效果如图5-90所示。

图5-89　　　　　　　图5-90

（3）选择"选择"工具 ，用圈选的方法将需要的文字同时选取，按数字键盘上的+键，复制文字，将其拖曳到适当的位置，并调整其大小，效果如图5-91所示。瑜伽养生唱片封面设计完成，效果如图5-92所示。

图5-91

图5-92

（4）按Ctrl+S组合键，弹出"保存图形"对话框，将制作好的图像命名为"瑜伽养生唱片封面"，保存为CDR格式，单击"保存"按钮，将图像保存。

习题知识要点：在Photoshop中，使用新建参考线命令新建参考线，使用油漆桶工具制作背景的填充效果，使用矩形工具和创建剪贴蒙版命令制作图片剪切效果，使用模糊滤镜制作图片的模糊效果，使用添加图层蒙版命令和画笔工具制作图片的融合效果；在CorelDRAW中，使用文本工具和对象属性面板添加内容文字，使用椭圆形工具、自定形状工具和图框精确剪裁命令制作标题的剪裁效果，使用贝塞尔工具绘制图形，使用椭圆形工具、矩形工具和文本工具添加出版信息。古典音乐唱片封面设计效果如图5-93所示。

效果所在位置：Ch05/效果/古典音乐唱片封面设计/古典音乐唱片封面.cdr。

图5-93

第 *6* 章

室内平面图设计

本章介绍

　　室内平面图反映了居室的布局和各房间的面积及功能。通过对室内平面图的设计，可以对居室空间和家具摆设进行规划，初步设计出居室的生活格局。本章以室内平面图设计为例，讲解室内平面图的设计方法和制作技巧。

学习目标

◆ 学会在Photoshop软件中制作底图。

◆ 学会在CorelDRAW软件中制作平面图和其他相关信息。

技能目标

◆ 掌握"室内平面图"的制作方法。

◆ 掌握"尚府室内平面图"的制作方法。

案例学习目标： 在Photoshop中，学习绘制路径和改变图片的颜色制作底图；在CorelDRAW中，学习使用图形的绘制工具和填充工具制作室内平面图，使用标注工具和文本工具标注平面图并添加相关信息。

案例知识要点： 在Photoshop中，使用钢笔工具和图层样式命令绘制并编辑路径，使用色阶命令调整图片的颜色；在CorelDRAW中使用文本工具和形状工具制作标题文字，使用矩形工具绘制墙体，使用椭圆形工具、图纸工具和矩形工具绘制门和窗，使用矩形工具、形状工具和贝塞尔工具绘制地板和床，使用矩形工具和贝塞尔工具绘制地毯、沙发及其他家具，使用标注工具标注平面图。室内平面图设计效果如图6-1所示。

效果所在位置： Ch06/效果/室内平面图设计/室内平面图.cdr。

图6-1

Photoshop 应用

6.1.1 绘制封面底图

（1）打开Photoshop CS6软件，按Ctrl＋N组合键，新建一个文件，宽度为21.6厘米，高度为29.1厘米，分辨率为150像素/英寸，颜色模式为RGB，背景内容为白色。选择"视图 > 新建参考线"命令，在弹出的对话框中进行设置，如图6-2所示，单击"确定"按钮，效果如图6-3所示。用相同的方法在28.8厘米处新建参考线，如图6-4所示。

图6-2

图6-3   图6-4

（2）选择"视图 > 新建参考线"命令，在弹出的对话框中进行设置，如图6-5所示，单击"确定"按钮，效果如图6-6所示。用相同的方法在21.3厘米处新建参考线，如图6-7所示。

图6-5

图6-6   图6-7

（3）将前景色设为棕色（其R、G、B的值分别为83、0、0）。按Alt+Delete组合键，用前景色填充"背景"图层。将前景色设为白色。选择"矩形"工具▣，在属性栏的"选择工具模式"选项中选择"形状"，在图像窗口中绘制矩形，如图6-8所示，在"图层"控制面板中生成"矩形1"。

图6-8

（4）按Ctrl＋O组合键，打开本书学习资源中的"Ch06 > 素材 > 室内平面图设计 > 01"文件，选择"移动"工具▶╋，将图片拖曳到图像窗口中适当的位置，如图6-9所示。在"图层"控制面板中生成新的图层并将其命名为"画轴"。按Ctrl+Alt+G组合键，创建剪贴蒙版，效果如图6-10所示。

图6-9　　　　　　　　图6-10

（5）将前景色设为棕色（其R、G、B的值分别为83、0、0）。选择"矩形"工具▣，在图像窗口下方绘制矩形，如图6-11所示，在"图层"控制面板中生成"矩形2"。按Ctrl＋O组合键，打开本书学习资源中的"Ch06 > 素材 > 室内平面图设计 > 02"文件，选择"移动"工具▶╋，将图片拖曳到图像窗口中适当的位置，如图6-12所

示。在"图层"控制面板中生成新的图层并将其命名为"楼房"。

图6-11　　　　　　　　图6-12

（6）在"图层"控制面板下方单击"添加图层蒙版"按钮▣，为图层添加蒙版，如图6-13所示。将前景色设为黑色。选择"画笔"工具✐，单击"画笔"选项右侧的按钮·，在弹出的面板中选择需要的画笔形状，并设置适当的画笔大小，如图6-14所示。在属性栏中将"不透明度"和"流量"选项均设为60%，在图像窗口中擦除不需要的图像，效果如图6-15所示。

图6-13

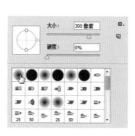 

图6-14　　　　　　　　图6-15

（7）按Ctrl＋O组合键，打开本书学习资源中的"Ch06 > 素材 > 室内平面图设计 > 03、04"文件，选择"移动"工具▶╋，将图片拖曳到图像窗口中适当的位置，如图6-16和图6-17所示。在"图层"控制面板中生成新的图层并分别将其命名为"树"和"画轴2"。

图6-16　　　　　　图6-17

（8）室内平面图底图制作完成。按Ctrl+Shift+E组合键，合并可见图层。按Ctrl+S组合键，弹出"存储为"对话框，将其命名为"室内平面图底图"，并保存为TIFF格式。单击"保存"按钮，弹出"TIFF选项"对话框，单击"确定"按钮，将图像保存。

CorelDRAW 应用

6.1.2　添加并制作标题文字

（1）打开CorelDRAW X7软件，按Ctrl+N组合键，新建一个页面。在属性栏的"页面度量"选项中分别设置宽度为210mm，高度为285mm，按Enter键，页面显示为设置的大小，如图6-18所示。选择"视图 > 页 > 出血"命令，在页面周围显示出血，如图6-19所示。

图6-18　　　　　　图6-19

（2）按Ctrl+J组合键，弹出"选项"对话框，选择"辅助线/水平"选项，在"文字框"中设置数值为0，如图6-20所示，单击"添加"

按钮，在页面中添加一条水平辅助线。用相同的方法在285mm处添加一条水平辅助线，单击"确定"按钮，效果如图6-21所示。

图6-20

图6-21

（3）按Ctrl+J组合键，弹出"选项"对话框，选择"辅助线/垂直"选项，在"文字框"中设置数值为0，如图6-22所示，单击"添加"按钮，在页面中添加一条垂直辅助线。用相同的方法在210mm处添加1条垂直辅助线，单击"确定"按钮，效果如图6-23所示。

图6-22

图6-23

（4）按Ctrl+I组合键，弹出"导入"对话框，打开本书学习资源中的"Ch06 > 效果 > 室内平面图设计 > 室内平面图底图"文件，单击"导入"按钮，在页面中单击导入图片，如图6-24所示。按P键，图片居中对齐页面，效果如图6-25所示。

图6-24

图6-25

（5）选择"文本"工具，在页面中输入需要的文字。选择"选择"工具，在属性栏中选择合适的字体并设置文字大小，效果如图6-26所示。再次单击文字，使其处于旋转状态，向右拖曳文字上方中间的控制手柄，松开鼠标左键，使文字倾斜，效果如图6-27所示。

新居阳光　　新居阳光

图6-26 　　　　　　　图6-27

（6）选择"选择"工具，选取文字，按Ctrl+K组合键，将文字拆分，分别选取需要的文字并将其拖曳到适当的位置，效果如图6-28所示。选取"新"字，按Ctrl+Q组合键，将文字转

换为曲线，如图6-29所示。

新居阳光　　新

图6-28 　　　　　　图6-29

（7）选择"形状"工具，按住Shift键的同时，选取需要的节点，如图6-30所示，向左拖曳到适当的位置，如图6-31所示。使用相同的方法将右侧的节点拖曳到适当的位置，效果如图6-32所示。

新　　新　　新居

图6-30 　　　图6-31 　　　图6-32

（8）按Ctrl+Q组合键，分别将其他文字转换为曲线，拖曳"光"字右侧的节点到适当的位置，效果如图6-33所示。选择"选择"工具，选取"阳"字。选择"形状"工具，用圈选的方法选取需要的节点，按Delete键将其删除，效果如图6-34所示。

新居阳光　　　新居阝　光

图6-33 　　　　　　　图6-34

（9）选择"贝塞尔"工具，在适当的位置绘制一条曲线，如图6-35所示。选择"艺术笔"工具，在"笔触列表"选项的下拉列表中选择需要的笔触，其他选项的设置如图6-36所示。按Enter键，效果如图6-37所示。

图6-35

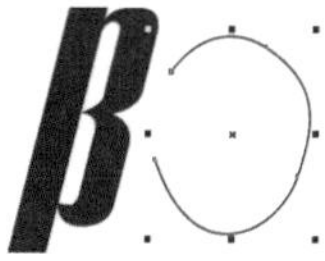

图6-36 　　　　　　　图6-37

（10）选择"选择"工具，选取笔触图形，设置填充颜色的CMYK值为0、0、100、0，填充文字，效果如图6-38所示。选择"椭圆形"工具，按住Ctrl键的同时，绘制圆形。设置填充颜色的CMYK值为0、0、100、0，填充图形，并去除

图形的轮廓线，效果如图6-39所示。选择"选择"工具，选取需要的图形文字，设置填充颜色的CMYK值为94、51、95、23，填充图形文字，效果如图6-40所示。

图6-38

图6-39　　　　　图6-40

（11）选择"文本"工具，分别在页面中输入需要的文字。选择"选择"工具，在属性栏中分别选择合适的字体并设置文字大小，效果如图6-41所示。分别选取适当的文字，填充颜色，效果如图6-42所示。

图6-41　　　　　图6-42

（12）选择"选择"工具，用圈选的方法将制作的文字同时选取，拖曳到适当的位置，效果如图6-43所示。选择"文本"工具，在页面中输入需要的文字。选择"选择"工具，在属性栏中选择合适的字体并设置文字大小，设置填充颜色的CMYK值为94、51、95、23，填充文字，效果如图6-44所示。

图6-43　　　　　图6-44

（13）保持文字的选取状态。按Alt+Enter组合键，弹出"对象属性"泊坞窗，单击"段落"

按钮，弹出相应的泊坞窗，选项的设置如图6-45所示。按Enter键，文字效果如图6-46所示。

图6-45　　　　　图6-46

6.1.3　绘制墙体图形

（1）选择"矩形"工具，绘制一个矩形，如图6-47所示。再绘制一个矩形，如图6-48所示。选择"选择"工具，将两个矩形同时选取，按数字键盘上的+键，复制矩形，单击属性栏中的"水平镜像"按钮和"垂直镜像"按钮，水平垂直翻转复制的矩形，效果如图6-49所示。

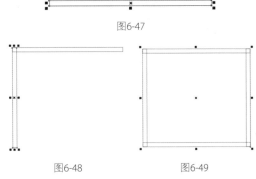

图6-47

图6-48　　　　　图6-49

（2）选择"选择"工具，将矩形全部选取，单击属性栏中的"合并"按钮，将矩形合并为一个图形，效果如图6-50所示，填充图形为黑色。使用相同的方法再绘制一个矩形，填充为黑色，如图

图6-50

6-51所示。将矩形和合并图形同时选取，再合并在一起，效果如图6-52所示。

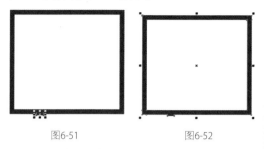

图6-51　　　　　　　图6-52

（3）选择"矩形"工具，在适当的位置绘制4个矩形，如图6-53所示。选择"选择"工具，将矩形和黑色框同时选取，单击属性栏中的"移除前面对象"按钮，剪切后的效果如图6-54所示。

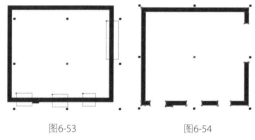

图6-53　　　　　　　图6-54

（4）选择"矩形"工具，在适当的位置绘制3个矩形，如图6-55所示。选择"选择"工具，将矩形和外框同时选取，单击属性栏中的"合并"按钮，将其合并为一个图形，效果如图6-56所示。

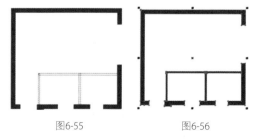

图6-55　　　　　　　图6-56

（5）选择"矩形"工具，在适当的位置绘制两个矩形，如图6-57所示。选择"选择"工具，将矩形和黑色框同时选取，单击属性栏中的"移除前面对象"按钮，效果如图6-58所示。

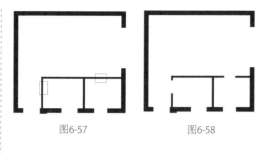

图6-57　　　　　　　图6-58

6.1.4　制作门和窗户图形

（1）选择"椭圆形"工具，单击属性栏中的"饼图"按钮，在属性栏中进行设置，如图6-59所示，从左上方向右下方拖曳鼠标到适当的位置，绘制出的饼图效果如图6-60所示。设置图形填充色的CMYK值为3、3、56、0，填充图形。在属性栏的"旋转角度"框中设置数值为90，"轮廓宽度"框中设置数值为0.176，按Enter键，效果如图6-61所示。

图6-59

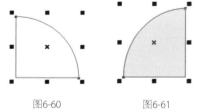

图6-60　　　　　　　图6-61

（2）选择"矩形"工具，在适当的位置绘制一个矩形，设置图形填充色的CMYK值为2、2、10、0，填充图形，并设置适当的轮廓宽度，效果如图6-62所示。选择"选择"工具，将饼图和矩形同时选取并拖曳到适当的位置，效果如图6-63所示。使用相同的方法绘制多个矩形，并填充相同的颜色和轮廓宽度，

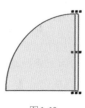

图6-62

效果如图6-64所示。

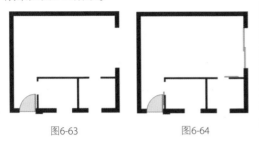

图6-63　　　　　　　　图6-64

（3）选择"图纸"工具 ⬚，在属性栏中的设置如图6-65所示，在页面中适当的位置绘制网格图形，如图6-66所示。

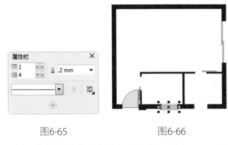

图6-65　　　　　　　　图6-66

（4）选择"选择"工具 ⬚，按Ctrl+Q组合键，将网格转化为曲线。选取最上方的矩形，在属性栏的"轮廓宽度" ⬚ .2 mm 框中设置数值为0.18，按Enter键，效果如图6-67所示。使用相同的方法设置其他矩形的轮廓宽度，效果如图6-68所示。

图6-67　　　　　　　　图6-68

（5）选择"选择"工具 ⬚，选取4个矩形，按数字键盘上的+键，复制矩形，并将其拖曳到适当的位置，调整其大小，效果如图6-69所示。选取下方的矩形，将其复制并拖曳到适当的位置，效果如图6-70所示。

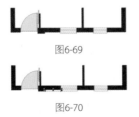

图6-69

图6-70

（6）使用相同的方法再复制一个矩形，效果如图6-71所示。选择"矩形"工具 ⬚，在适当的位置绘制两个矩形，如图6-72所示。选择"选择"工具 ⬚，将两个矩形同时选取，单击属性栏中的"合并"按钮 ⬚，将其合并为一个图形，效果如图6-73所示。

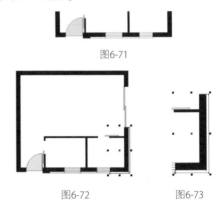

图6-71

图6-72　　　　　　　图6-73

6.1.5　制作地板和床

（1）选择"矩形"工具 ⬚，在适当的位置绘制一个矩形，如图6-74所示。按F11键，弹出"编辑填充"对话框，选择"位图图样填充"按钮 ⬚，弹出相应的对话框。单击位图图案右侧的按钮，在弹出的面板中单击"浏览"按钮，弹出"打开"对话框。选择本书学习资源中的"Ch06 > 素材 > 室内平面图设计 > 06"文件，如图6-75所示，单击"打开"按钮。返回"编辑填充"对话框。将"宽度"和"高度"选项均设为34.5mm，其他选项的设置如图6-76所示，单击"确定"按钮，位图填充效果如图6-77所示。

图6-74

图6-75

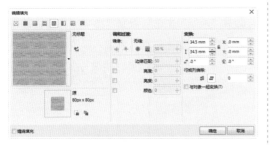

图6-76

图6-77

（2）连续按Ctrl+PageDown组合键，将其置于黑色框的下方，效果如图6-78所示。选择"矩形"工具 ，在适当的位置绘制一个矩形，设置图形填充色的CMYK值为2、2、10、0，填充图形。在属性栏的"轮廓宽度" 框中设置数值为0.18，按Enter键，效果如图6-79所示。选择"矩形"工具 ，再绘制一个矩形，如图6-80所示。

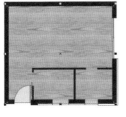

图6-78

图6-79

图6-80

（3）保持矩形的选取状态。按F11键，弹出"编辑填充"对话框，选择"位图图样填充"按钮 ，弹出相应的对话框，单击位图图案右侧的按钮，在弹出的面板中单击"浏览"按钮，弹出"打开"对话框，选择本书学习资源中的"Ch06 > 素材 > 室内平面图设计 > 05"文件，单击"打开"按钮。返回"编辑填充"对话框，选项的设置如图6-81所示，单击"确定"按钮，位图填充效果如图6-82所示。

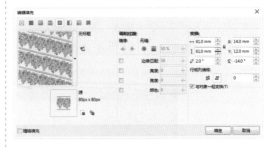

图6-81

图6-82

（4）选择"矩形"工具 ，绘制一个矩形，在属性栏的"转角半径" 框中进行设置，如图6-83所示。按Enter键，效果如图6-84

所示。按Ctrl+Q组合键，将矩形转化为曲线。选择"形状"工具 ，用框选的方法选取需要的节点，如图6-85所示。在属性栏中单击"转换为线条"按钮 ，将曲线转换为直线，效果如图6-86所示。

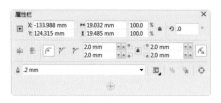

图6-83

图6-84

图6-85

图6-86

（5）选择"形状"工具 ，选取并拖曳需要的节点到适当的位置，效果如图6-87所示。在属性栏的"轮廓宽度" 框中设置数值为0.18，按Enter键，填充与下方的床相同的图案，效果如图6-88所示。选择"贝塞尔"工具 ，绘制一个图形，填充与床相同的图案，并设置合适的轮廓宽度，效果如图6-89所示。选择"手绘"工具 ，按住Ctrl键的同时，绘制一条直线，效果如图6-90所示。

图6-87

图6-88

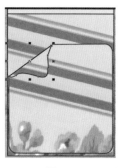

图6-89

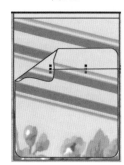

图6-90

6.1.6　制作枕头和抱枕

（1）选择"矩形"工具 ，绘制一个矩形，在属性栏的"转角半径" 框中进行设置，如图6-91所示，按Enter键，效果如图6-92所示。选择"3点椭圆形"工具 ，在适当的位置绘制4个椭圆形，如图6-93所示。选择"选择"工具 ，选取绘制的图形，单击属性栏中的"合并"按钮 ，将其合并为一个图形，效果如图6-94所示。

图6-91

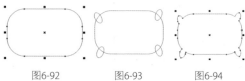

图6-92　　　　图6-93　　　　图6-94

（2）保持矩形的选取状态。按F11键，弹出"编辑填充"对话框，选择"位图图样填充"按钮，弹出相应的对话框，选项的设置如图6-95所示，单击"确定"按钮，位图填充效果如图6-96所示。

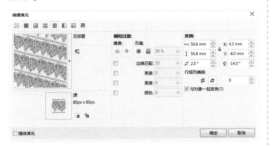

图6-95

图6-96

（3）选择"选择"工具，选取需要的图形并将其拖曳到适当的位置，如图6-97所示。按数字键盘上的+键，复制图形并将其拖曳到适当的位置，效果如图6-98所示。使用相同的方法再复制两个图形，分别将其拖曳到适当的位置，调整大小并将其旋转到适当的角度，然后取消左侧图形的填充，效果如图6-99所示。

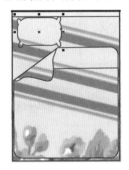

图6-97　　　　　图6-98

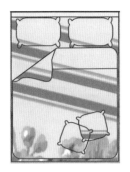

图6-99

（4）选择"贝塞尔"工具，绘制多条直线，在属性栏的"轮廓宽度"框中设置数值为0.18，按Enter键，效果如图6-100所示。选择"椭圆形"工具，在适当的位置绘制一个圆形，设置图形填充色的CMYK值为2、2、10、0，填充图形，然后在属性栏的"轮廓宽度"框中设置数值为0.18，按Enter键，效果如图6-101所示。使用相同的方法制作出右侧的图形，效果如图6-102所示。

图6-100　　　　　　图6-101

图6-102

6.1.7　制作床头柜和灯

（1）选择"矩形"工具，绘制一个矩形，如图6-103所示。按F11键，弹出"编辑填充"对话框，选择"位图图样填充"按钮，弹出相应的对话框，单击位图图案右侧的按钮，在弹出的面板中单击"浏览"按钮，弹出"打开"

对话框，选择本书学习资源中的"Ch06 > 素材 > 室内平面图设计 > 07"文件，单击"打开"按钮。返回"编辑填充"对话框，选项的设置如图6-104所示，单击"确定"按钮，位图填充效果如图6-105所示。

图6-103

图6-104

图6-105

（2）在属性栏的"轮廓宽度"框中设置数值为0.18，按Enter键，效果如图6-106所示。选择"椭圆形"工具，在适当的位置绘制一个圆形，并在属性栏的"轮廓宽度"框中设置数值为0.18，如图6-107所示。

图6-106　　　　　　　图6-107

（3）选择"手绘"工具，按住Ctrl键的同时，绘制一条直线，设置合适的轮廓宽度，效果如图6-108所示。选择"选择"工具，按数字键盘上的+键，复制直线，并再次单击直线，使其处于旋转状态，如图6-109所示。拖曳

旋转中心到适当的位置，然后拖曳鼠标将其旋转到适当的角度，如图6-110所示。按住Ctrl键的同时连续按D键，复制出多条直线，效果如图6-111所示。

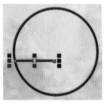　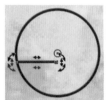

图6-108　　　　　　　图6-109

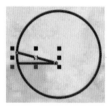　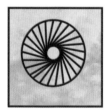

图6-110　　　　　　　图6-111

（4）选择"选择"工具，选取需要的图形，按Ctrl+G组合键，将其群组，如图6-112所示。将群组图形拖曳到适当的位置，如图6-113所示。按数字键盘上的+键，复制图形并将其拖曳到适当的位置，按Ctrl+Shift+G组合键，取消群组图形，调整下方图形的大小，效果如图6-114所示。

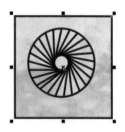

图6-112

图6-113　　　　　　　图6-114

6.1.8　制作地毯和沙发图形

（1）选择“矩形”工具，绘制一个矩形，如图6-115所示。按F11键，弹出“编辑填充”对话框，选择“底纹填充”按钮，弹出相应的对话框，选择需要的样本和底纹图案，如图6-116所示。单击“变换”按钮，在弹出的对话框中进行设置，如图6-117所示，单击“确定”按钮。返回“编辑填充”对话框，单击“确定”按钮，填充效果如图6-118所示。

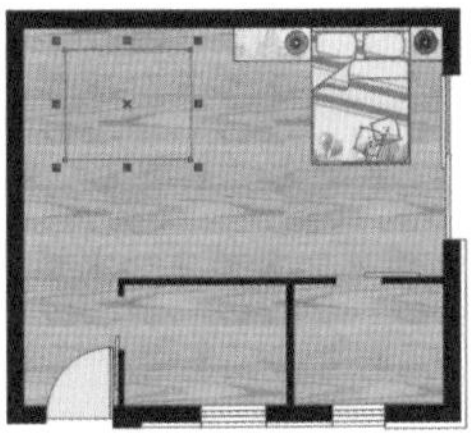

图6-115

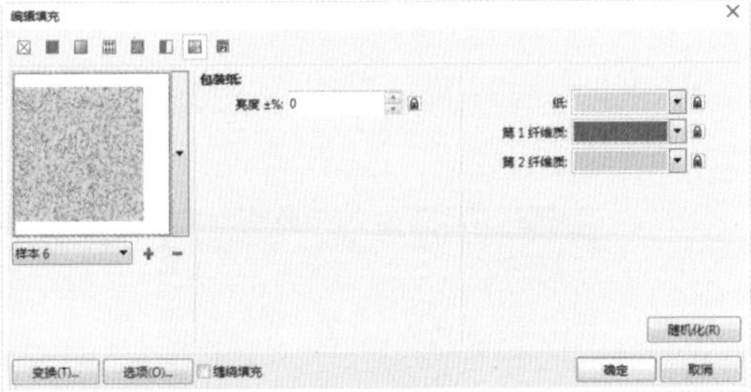

图6-116

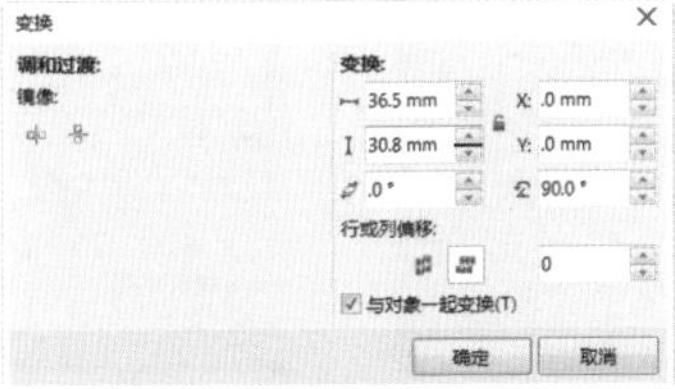

图6-117

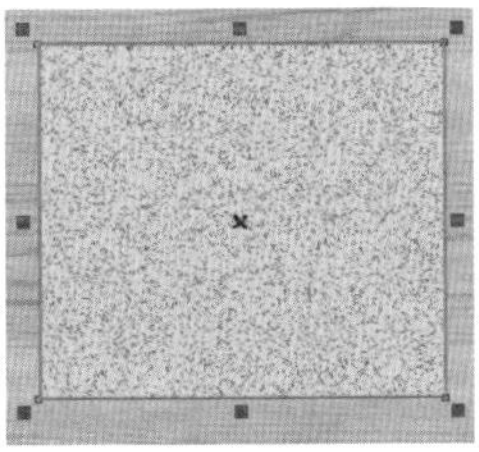

图6-118

（2）选择“贝塞尔”工具，绘制多条折线，如图6-119所示。选择“选择”工具，选取绘制的折线，按Ctrl+PageDown组合键，将其置于矩形之后，效果如图6-120所示。

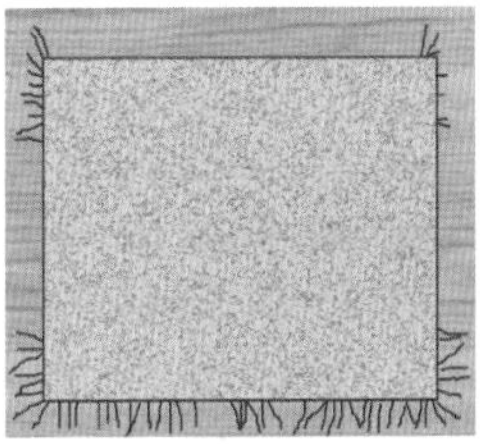

图6-119

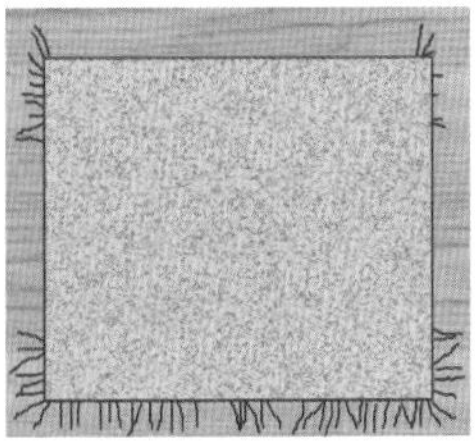

图6-120

（3）选择“矩形”工具，绘制一个矩形，在属性栏的“转角半径”框中设置数值为0.7mm，按Enter键，效果如图6-121所示。按F11键，弹出“编辑填充”对话框，选择“底纹填充”按钮，弹出相应的对话框，选择需要的样本和底纹图案，将两个颜色设为CMYK色，如图6-122所示。单击“变换”按钮，在弹出的对话框中进行设置，如图6-123所示，单击“确定”按钮。返回“编辑填充”对话框，单击“确定”按钮，填充效果如图6-124所示。

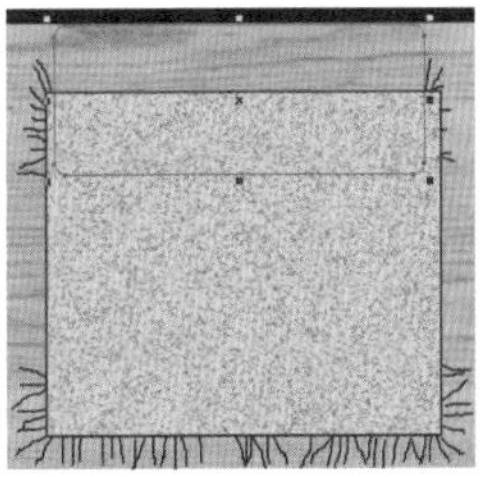

图6-121

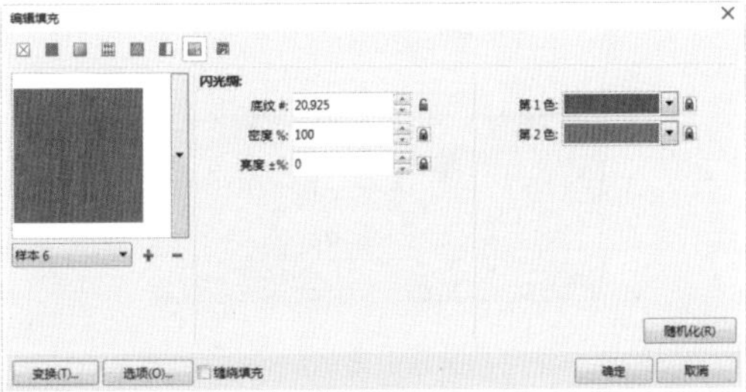

图6-122

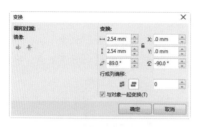

图6-123

图6-124

（4）选择"矩形"工具□，绘制一个矩形，在属性栏的"转角半径" 框中进行设置，如图6-125所示。按Enter键，效果如图6-126所示。

图6-125

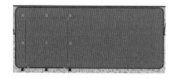

图6-126

（5）选择"选择"工具⬚，选取矩形，在属性栏的"轮廓宽度" ⬚.2mm ▾ 框中设置数值为0.18，按Enter键，效果如图6-127所示。使用相同的方法再绘制两个图形，如图6-128所示。

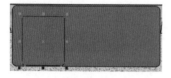

图6-127

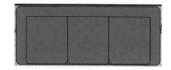

图6-128

（6）选取右侧的图形，在属性栏中将矩形右上方的"转角半径" 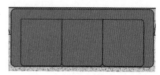 框中的数值设为0.5，按Enter键，效果如图6-129所示。

图6-129

（7）选择"椭圆形"工具⬚，按住Ctrl键的同时，拖曳鼠标，绘制一个圆形，如图6-130所示。选择"选择"工具⬚，按住Ctrl键的同时，垂直向下拖曳圆形，并在适当的位置上单击鼠标右键，复制出一个新的圆形，效果如图6-131所示。按住Ctrl键的同时连续按D键，复制出多个圆形，效果如图6-132所示。

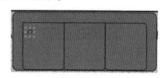

图6-130

图6-131

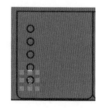

图6-132

（8）选择"选择"工具⬚，选取需要的圆形，按住Ctrl键的同时水平向右拖曳图形，并在适当的位置上单击鼠标右键，复制一个新的图形。按住Ctrl键的同时连续按D键，复制出多个圆形，效果如图6-133所示。使用相同的方法复制多个圆形，效果如图6-134所示。使用相同的方法再制作出两个沙发图形，效果如图6-135所示。

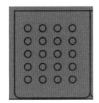

图6-133

图6-134

图6-135

6.1.9 制作盆栽和茶几

（1）选择"矩形"工具 □，绘制一个矩形。在属性栏的"轮廓宽度" ▵ .2 mm ▾ 框中设置数值为0.18，按Enter键，如图6-136所示。按F11键，弹出"编辑填充"对话框，选择"底纹填充"按钮 ▦，弹出相应的对话框，选择需要的样本和底纹图案，单击"色调"选项右侧的按钮，在弹出的菜单中选择"更多"按钮，弹出"选择颜色"对话框，选项的设置如图6-137所示。单击"确定"按钮，如图6-138所示。单击"变换"按钮，在弹出的对话框中进行设置，如图6-139所示，单击"确定"按钮。返回"编辑填充"对话框，单击"确定"按钮，填充效果如图6-140所示。

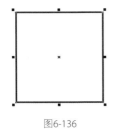

图6-136

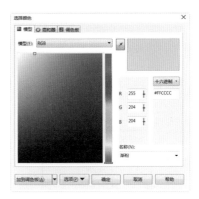

图6-137

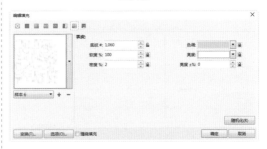

图6-138

图6-139

图6-140

（2）选择"贝塞尔"工具 ，在矩形中绘制一个图形。在属性栏的"轮廓宽度" ▵ .2 mm ▾ 框中设置数值为0.18，按Enter键，效果如图6-141所示。按F11键，弹出"编辑填充"对话框，选择"底纹填充"按钮 ▦，弹出相应的对话框，选择需要的样本和底纹图案，如图6-142所示。单击"变换"按钮，在弹出的对话框中进行设置，如图6-143所示，单击"确定"按钮。返回"编辑填充"对话框，单击"确定"按钮，填充效果如图6-144所示。

图6-141

图6-142

图6-143

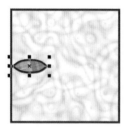

图6-144

（3）选择"选择"工具，按数字键盘上的+键，复制图形，并再次单击图形，使其处于旋转状态，拖曳旋转中心到适当的位置，如图6-145

所示，然后拖曳鼠标将其旋转到适当的位置，如图6-146所示。

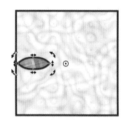 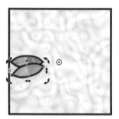

图6-145　　　　　　　图6-146

（4）按住Ctrl键的同时连续按D键，复制出多个图形，效果如图6-147所示。用圈选的方法选取需要的图形，按Ctrl+G组合键，将其群组，如图6-148所示。拖曳到适当的位置，如图6-149所示。按数字键盘上的+键，复制图形并将其拖曳到适当的位置，效果如图6-150所示。

图6-147　　　　　　　图6-148

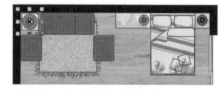

图6-149

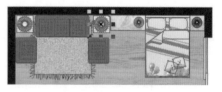

图6-150

（5）选择"矩形"工具，绘制一个矩形，设置图形填充颜色的CMYK值为2、2、10、0，填充图形，并在属性栏中进行如图6-151所示的设置，按Enter键，效果如图6-152所示。

图6-151

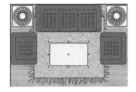

图6-152

（6）使用相同的方法再绘制一个圆角矩形。按F11键，弹出"编辑填充"对话框，选择"渐变填充"按钮，将"起点"颜色的CMYK值设置为0、0、0、25，"终点"颜色的CMYK值设置为0、0、0、0，其他选项的设置如图6-153所示。单击"确定"按钮，填充图形。然后在属性栏中设置合适的轮廓宽度，效果如图6-154所示。

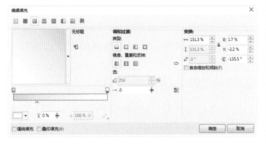

图6-153

图6-154

（7）选择"选择"工具，选取需要的图形，按住Ctrl键的同时，向下拖曳图形，并在适当的位置上单击鼠标右键，复制一个新的图形，效果如图6-155所示。按Ctrl+Shift+G组合键，取消图形的群组。选取下方的图形，设置图形填充色的CMYK值为2、18、25、7，填充图形，如图6-156

所示。选取上方的图形，设置图形填充色的CMYK值为13、2、28、0，填充图形，效果如图6-157所示。

图6-155

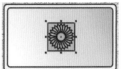

图6-156

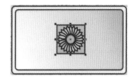

图6-157

（8）选择"贝塞尔"工具，在矩形图形中绘制多条直线，如图6-158所示。连续按Ctrl+PageDown组合键，将其置于红色矩形的下方，效果如图6-159所示。

图6-158

图6-159

6.1.10 制作桌子和椅子图形

（1）选择"矩形"工具，绘制一个矩形，在属性栏中的设置如图6-160所示。按Enter键，效果如图6-161所示。

图6-160

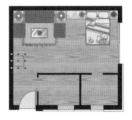

图6-161

（2）按F11键，弹出"编辑填充"对话框，选择"位图图样填充"按钮▣，弹出相应的对话框，单击位图图案右侧的按钮，在弹出的面板中单击"浏览"按钮，弹出"打开"对话框，选择本书学习资源中的"Ch06 > 素材 > 室内平面图设计 > 08"文件，单击"打开"按钮。返回"编辑填充"对话框，选项的设置如图6-162所示。单击"确定"按钮，位图填充效果如图6-163所示。

图6-162

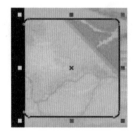

图6-163

（3）选择"贝塞尔"工具▹，绘制一条折线，如图6-164所示。选择"选择"工具▹，按数字键盘上的+键，复制折线。单击属性栏中的"水平镜像"按钮◳，水平翻转复制的折线，效果如图6-165所示，然后将其拖曳到适当的位置，效果如图6-166所示。单击属性栏中的"合并"按钮▣，将两条折线合并，效果如图6-167所示。

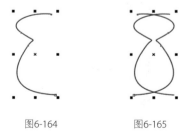

图6-164　　　　　图6-165

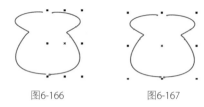

图6-166　　　　　图6-167

（4）选择"形状"工具▹，选取需要的节点，如图6-168所示；然后单击属性栏中的"连接两个节点"按钮◳，将两点连接，效果如图6-169所示。使用相同的方法将下方的两个节点连接，效果如图6-170所示。

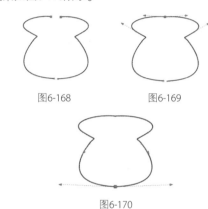

图6-168　　　　　图6-169

图6-170

（5）按F11键，弹出"编辑填充"对话框，选择"位图图样填充"按钮▣，弹出相应的对话框，单击位图图案右侧的按钮，在弹出的面板中单击"浏览"按钮，弹出"打开"对话框，选择本书学习资源中的"Ch06 > 素材 > 室内平面图设计 > 09"文件，单击"打开"按钮。返回"编辑填充"对话框，选项的设置如图6-171所示。单击"确定"按钮，位图填充效果如图6-172所示。

图6-171

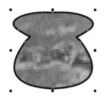

图6-172

（6）选择"贝塞尔"工具，绘制两条曲线，并填充适当的轮廓宽度，如图6-173所示。选择"选择"工具，将绘制的图形同时选取，并拖曳到适当的位置，效果如图6-174所示。使用相同的方法再绘制两个图形，效果如图6-175所示。

图6-173　　　　　图6-174

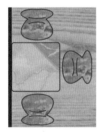

图6-175

（7）选择"选择"工具，选取绘制的椅子图形，按数字键盘上的+键，复制图形，并将其拖曳到适当的位置，旋转到合适的角度，效果如图6-176所示。选取两条曲线，按Delete键，将其删除。选择"3点矩形"工具，绘制两个矩形，并填充与椅子相同的图案，效果如图6-177所示。

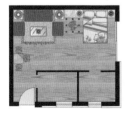

图6-176　　　　　图6-177

（8）选择"矩形"工具，在适当的位置绘制一个矩形，如图6-178所示。按F11键，弹出"编辑填充"对话框，选择"位图图样填充"按钮，弹出相应的对话框，单击位图图案右侧的按钮，在弹出的面板中单击"浏览"按钮，弹出"打开"对话框，选择本书学习资源中的"Ch06 > 素材 > 室内平面图设计 > 07"文件，单击"打开"按钮。返回"编辑填充"对话框，选项的设置如图6-179所示。单击"确定"按钮，位图填充效果如图6-180所示。

图6-178

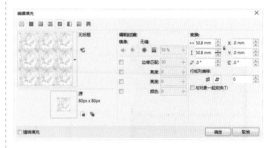

图6-179

图6-180

（9）使用相同的方法再绘制两个矩形并填充相同的图案，效果如图6-181所示。选择"矩形"工具，在适当的位置绘制一个矩形，设置图形填充色的CMYK值为2、2、10、0，填充图形，然后在属性栏的"轮廓宽度" 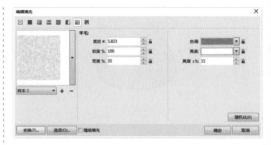 框中设置数值为0.18，按Enter键，效果如图6-182所示。

图6-181

图6-182

6.1.11　制作阳台

（1）选择"矩形"工具 ▢，在适当的位置绘制一个矩形，设置图形填充色的CMYK值为27、12、30、0，填充图形，然后在属性栏的"轮廓宽度"  框中设置数值为0.18，按Enter键，效果如图6-183所示。选择"贝塞尔"工具 ✎，在适当的位置绘制一个图形，如图6-184所示。

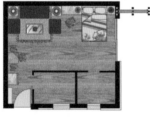

图6-183

图6-184

（2）按F11键，弹出"编辑填充"对话框，选择"底纹填充"按钮 ▦，弹出相应的对话框，选择需要的样本和底纹图案，如图6-185所示。单击"变换"按钮，在弹出的对话框中进行设置，如图6-186所示，单击"确定"按钮。返回"编辑填充"对话框，单击"确定"按钮，填充效果如图6-187所示。选择"矩形"工具 ▢，在适当的位置绘制3个矩形，如图6-188所示。选择"选择"工具 ▸，选取最内侧的矩形，按数字键盘上的+键，复制一个矩形，效果如图6-189所示。

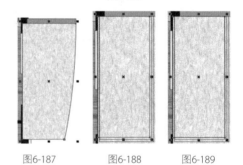

图6-185

图6-186

图6-187　　图6-188　　图6-189

（3）选择"图纸"工具 ▦，在属性栏中的设置如图6-190所示，并在页面中适当的位置绘制网格图形，如图6-191所示。设置图形填充色的CMYK值为0、0、0、10，填充图形。设置图形轮廓色的CMYK值为0、0、0、37，填充图形轮廓线，效果如图6-192所示。

图6-190

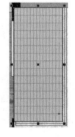

图6-191　　　　图6-192

（4）选择"矩形"工具□，在适当的位置绘制一个矩形，设置图形填充色的CMYK值为0、0、0、10，填充图形。设置图形轮廓色的CMYK值为0、0、0、20，填充图形轮廓线，效果如图6-193所示。使用相同的方法再绘制3个矩形，效果如图6-194所示。

图6-193　　　图6-194

（5）选择"矩形"工具□和"椭圆形"工具○，在适当的位置绘制矩形和圆形，如图6-195所示。选择"选择"工具▷，选取需要的图形，如图6-196所示。连续按Ctrl+PageDown组合键，将其置于墙体图形的下方，效果如图6-197所示。

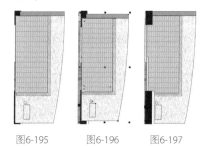

图6-195　　　图6-196　　　图6-197

（6）选择"矩形"工具□，在适当的位置绘制一个矩形，如图6-198所示。按F12键，弹出"轮廓笔"对话框，选项的设置如图6-199所示，单击"确定"按钮，效果如图6-200所示。

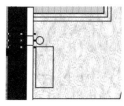

图6-198

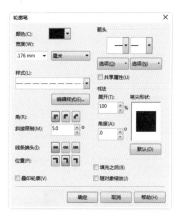

图6-199

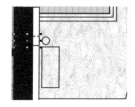

图6-200

（7）选择"选择"工具▷，选取需要的图形，按住Ctrl键的同时，按住鼠标左键向下拖曳图形，并在适当的位置上单击鼠标右键，复制一个新的图形，效果如图6-201所示。

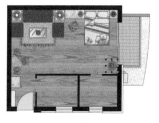

图6-201

6.1.12　制作电视和衣柜

（1）选择"矩形"工具□，绘制一个矩形，在属性栏中的设置如图6-202所示。按Enter键，效果如图6-203所示。

（2）按F11键，弹出"编辑填充"对话框，选择"渐变填充"按钮▣，将"起点"颜色的CMYK值设置为2、0、0、8，"终点"颜色的CMYK值设置为2、20、28、8，其他选项的设置如图6-204所示。单击"确定"按钮，填充图形，并设置适当的轮廓宽度，效果如图6-205所示。

图6-202

图6-203

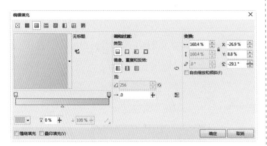

图6-204

图6-205

（3）选择"矩形"工具 □，绘制一个矩形。按F11键，弹出"编辑填充"对话框，选择"渐变填充"按钮 ■，将"起点"颜色的CMYK值设置为2、2、0、36，"终点"颜色的CMYK值设置为0、0、0、0，其他选项的设置如图6-206所示。单击"确定"按钮，填充图形，并设置合适的轮廓宽度，效果如图6-207所示。

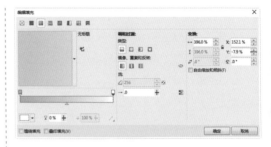

图6-206

图6-207

（4）选择"矩形"工具 □ 和"贝塞尔"工具 ∿，绘制两个图形，并填充合适的渐变色，效果如图6-208所示。选择"矩形"工具 □，绘制一个矩形。按F11键，弹出"编辑填充"对话框，选择"位图图样填充"按钮 ■，弹出相应的对话框，选项的设置如图6-209所示。单击"确定"按钮，位图填充效果如图6-210所示。

图6-208

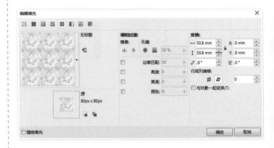

图6-209

图6-210

（5）选择"矩形"工具 □ 和"手绘"工具 ∿，在适当的位置绘制需要的图形，效果如图

6-211所示。选择"3点矩形"工具▭，绘制多个矩形并填充与底图相同的图案，效果如图6-212所示。

图6-211

图6-212

6.1.13　制作厨房的地板和厨具

（1）选择"图纸"工具▦，在页面中适当的位置绘制网格图形，如图6-213所示。设置图形填充色的CMYK值为11、0、0、0，填充图形；设置图形轮廓色的CMYK值为0、0、0、28，填充图形轮廓线，效果如图6-214所示。

图6-213

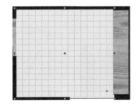

图6-214

（2）选择"矩形"工具▭，在适当的位置绘制两个矩形，如图6-215所示。选择"选择"工具▯，将矩形全部选取，然后单击属性栏中的"合并"按钮▯，将矩形合并为一个图形，并在属性栏的"轮廓宽度" ▯ 2 mm ▾ 框中设置数值为0.18，按Enter键，效果如图6-216所示。

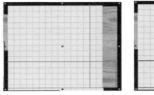
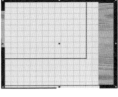

图6-215　　　　　　　图6-216

（3）按F11键，弹出"编辑填充"对话框，选择"底纹填充"按钮▦，弹出相应的对话框，选择需要的样本和底纹图案，如图6-217所示。单击"变换"按钮，在弹出的对话框中进行设置，如图6-218所示，单击"确定"按钮。返回"编辑填充"对话框，单击"确定"按钮，填充效果如图6-219所示。

图6-217

图6-218

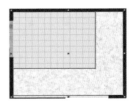

图6-219

（4）选择"矩形"工具▭，在页面中绘制一个矩形，并在属性栏中按图6-220所示进行设置，按Enter键，效果如图6-221所示。

（5）按F11键，弹出"编辑填充"对话框，选择"渐变填充"按钮▦，将"起点"颜色的

CMYK值设置为0、2、0、0，"终点"颜色的CMYK值设置为12、2、10、11，其他选项的设置如图6-222所示。单击"确定"按钮，填充图形，并设置合适的轮廓宽度，效果如图6-223所示。

图6-220

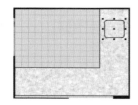

图6-221

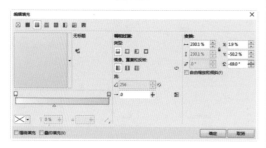

图6-222

图6-223

（6）使用相同的方法再绘制一个圆角矩形并填充相同的渐变色，效果如图6-224所示。选择"椭圆形"工具 ○ 和"手绘"工具 ✎，分别绘制需要的圆形和不规则图形，并填充相同的渐变色，效果如图6-225所示。选择"矩形"工具 □，在适当的位置绘制一个矩形，设置图形填充色的CMYK值为9、2、10、7，填充图形，如图6-226所示。

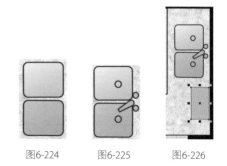

图6-224　　　　图6-225　　　　图6-226

（7）按F12键，弹出"轮廓笔"对话框，选项的设置如图6-227所示，单击"确定"按钮，效果如图6-228所示。选择"手绘"工具 ✎，绘制两条直线，并设置相同的轮廓样式和轮廓宽度，效果如图6-229所示。

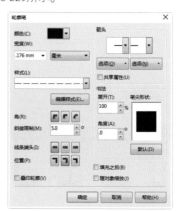

图6-227

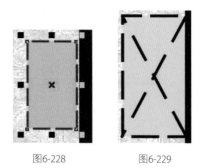

图6-228　　　　　　图6-229

（8）选择"矩形"工具 □，在适当的位置绘制一个矩形。设置图形填充色的CMYK值为7、2、10、7，填充图形，并设置合适的轮廓宽度，效果如图6-230所示。使用相同的方法再绘制两个矩形，效果如图6-231所示。选择"贝塞尔"工具，在适当的位置绘制两个图形，并设置合适的轮廓宽度，效果如图6-232所示。

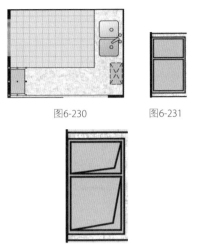

图6-230　　　　图6-231

图6-232

（9）选择"矩形"工具，绘制一个矩形。按F11键，弹出"编辑填充"对话框，选择"渐变填充"按钮，将"起点"颜色的CMYK值设置为0、2、0、0，"终点"颜色的CMYK值设置为14、5、0、17，其他选项的设置如图6-233所示。单击"确定"按钮，填充图形，并设置合适的轮廓宽度，效果如图6-234所示。

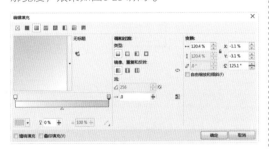

图6-233

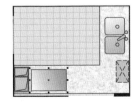

图6-234

（10）选择"手绘"工具，按住Ctrl键的

同时，绘制一条直线，并设置合适的轮廓宽度，效果如图6-235所示。选择"矩形"工具和"椭圆形"工具，在适当的位置绘制两个圆形和矩形，填充相同的渐变色并设置轮廓宽度，效果如图6-236所示。选择"椭圆形"工具和"手绘"工具，用相同的方法再绘制一个需要的图形，设置相同的轮廓宽度，效果如图6-237所示。

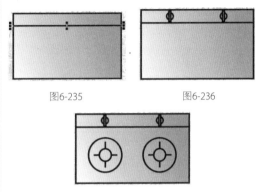

图6-235　　　　图6-236

图6-237

（11）选择"选择"工具，选取需要的图形，如图6-238所示，连续按Ctrl+PageDown组合键，将其置于墙体图形的下方，效果如图6-239所示。

图6-238　　　　图6-239

6.1.14　制作浴室

（1）选择"图纸"工具，在属性栏的"列数和行数"框中设置数值为15、5，并在页面中适当的位置绘制网格图形，如图6-240所示。设置图形填充色的CMYK值为0、0、0、10，填充图形。设置图形轮廓色的CMYK值为0、0、0、20，填充图形轮廓线，并设置合适的轮廓宽度，效果如图6-241所示。

图6-240   图6-241

（2）选择"矩形"工具 ，绘制一个矩形。选择"图纸"工具 ，在属性栏的"列数和行数" 框中设置数值为15、15，在适当的位置绘制网格图形。设置图形填充色的CMYK值为11、0、0、0，并填充图形。设置图形轮廓色的CMYK值为0、0、0、28，填充图形轮廓线，效果如图6-242所示。

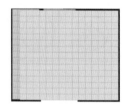

图6-242

（3）选择"矩形"工具 ，绘制一个矩形。按F11键，弹出"编辑填充"对话框，选择"底纹填充"按钮 ，弹出相应的对话框，选择需要的样本和底纹图案，如图6-243所示。单击"变换"按钮，在弹出的对话框中进行设置，如图6-244所示，单击"确定"按钮。返回"编辑填充"对话框，单击"确定"按钮，填充效果如图6-245所示。选择"矩形"工具 ，绘制一个矩形，在属性栏的"转角半径" 框中设置数值为1.4mm，按Enter键。填充与底图相同的底纹，效果如图6-246所示。

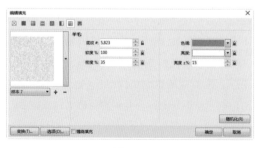

图6-243

图6-244

图6-245   图6-246

（4）选择"矩形"工具 ，绘制一个圆角矩形，如图6-247所示。按F11键，弹出"编辑填充"对话框，选择"渐变填充"按钮 ，将"起点"颜色的CMYK值设置为2、2、0、0，"终点"颜色的CMYK值设置为2、2、0、21，其他选项的设置如图6-248所示。单击"确定"按钮，填充图形，并设置合适的轮廓宽度，效果如图6-249所示。

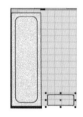

图6-247

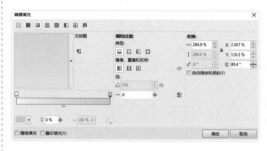

图6-248

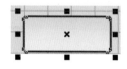

图6-249

（5）选择"矩形"工具□和"椭圆形"工具○，在适当的位置绘制需要的图形，如图6-250所示。选择"选择"工具▷，将需要的图形全部选取，然后单击属性栏中的"合并"按钮□，将图形合并为一个图形，效果如图6-251所示。填充与下方图形相同的渐变色，效果如图6-252所示。

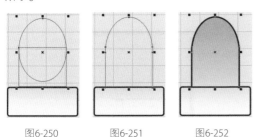

图6-250　　　图6-251　　　图6-252

（6）选择"矩形"工具□和"椭圆形"工具○，在适当的位置绘制需要的图形，如图6-253所示。选择"选择"工具▷，将需要的图形全部选取，然后单击属性栏中的"移除前面对象"按钮□，效果如图6-254所示。填充与下方图形相同的渐变色，效果如图6-255所示。选择"椭圆形"工具○和"贝塞尔"工具▷，在适当的位置绘制需要的图形，并填充相同的渐变色，效果如图6-256所示。

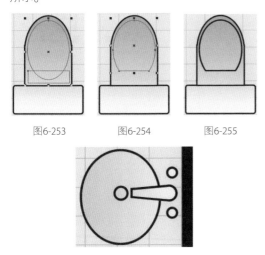

图6-253　　　图6-254　　　图6-255

图6-256

（7）选择"贝塞尔"工具▷，绘制一个不规则图形，如图6-257所示。按F11键，弹出"编辑填充"对话框，选择"渐变填充"按钮■，将"起点"颜色的CMYK值设置为0、1、0、0，"终点"颜色的CMYK值设置为18、1、36、0，其他选项的设置如图6-258所示。单击"确定"按钮，填充图形，并设置合适的轮廓宽度，效果如图6-259所示。

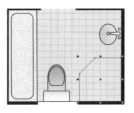

图6-257

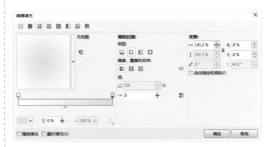

图6-258

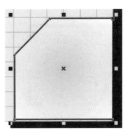

图6-259

（8）选择"矩形"工具□，绘制一个矩形，在属性栏的"轮廓宽度" △ 2 mm ▼框中设置数值为0.18，如图6-260所示。选择"选择"工具▷，选取需要的图形，如图6-261所示，连续按Ctrl+PageDown组合键，将其置于墙体图形的下方，效果如图6-262所示。

图6-260

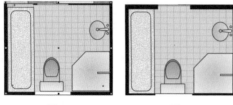

图6-261　　　　　　　　图6-262

6.1.15　添加标注和指南针

（1）选择"平行度量"工具 ，将鼠标的光标移动到平面图上方墙体的左侧并单击，拖曳鼠标，将鼠标光标移动到右侧再次单击，再将鼠标光标拖曳到线段中间单击完成标注，效果如图6-263所示。在属性栏中单击"度量单位"选项，在弹出的菜单中选择需要的单位，如图6-264所示，按Ctrl+k组合键拆分尺度，并修改标注数值，标注效果如图6-265所示。用相同的方法标注左侧的墙体，效果如图6-266所示。

图6-263

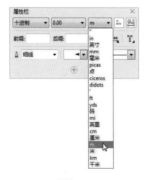

图6-264

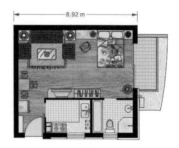

图6-265

图6-266

（2）选择"椭圆形"工具 ，按住Ctrl键的同时拖曳鼠标，绘制一个圆形，如图6-267所示。选择"文本"工具 ，在页面中输入需要的文字。选择"选择"工具 ，在属性栏中选择合适的字体并设置文字大小，效果如图6-268所示。

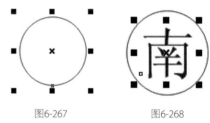

图6-267　　　　　　　　图6-268

（3）选择"流程图形状"工具 ，在属性栏中单击"完美形状"按钮 ，在弹出的下拉图形列表中选择需要的图标，如图6-269所示，然后在页面中绘制出需要的图形，如图6-270所示。使用相同的方法绘制出其他图形，并将其拖曳到适当的位置，旋转到需要的角度，效果如图6-271所示。选择"选择"工具 ，选取需要的图形，将其拖曳到适当的位置，效果如图6-272所示。

图6-269　　　　　　　图6-270

图6-271　　　　　　　图6-272

6.1.16　添加线条和说明性文字

（1）选择"文本"工具🅃，在适当的位置输入需要的文字。选择"选择"工具🅑，在属性栏中选择合适的字体并设置文字大小，效果如图6-273所示。

图6-273

（2）选择"椭圆形"工具⊙，按住Ctrl键的同时，拖曳鼠标，绘制一个圆形。设置填充色的CMYK值为94、51、95、23，填充图形，并去除图形的轮廓线。选择"文本"工具🅃，分别在圆形中输入需要的文字。选择"选择"工具🅑，在属性栏中分别选择合适的字体并设置文字大小，填充文字为白色，效果如图6-274所示。

图6-274

（3）选择"矩形"工具▢，绘制一个矩形，填充为白色，并去除图形的轮廓线，效果如图6-275所示。选择"文本"工具🅃，分别输入需要的文字。选择"选择"工具🅑，在属性栏中选择合适的字体并设置文字大小，效果如图6-276所示。

图6-275　　　　　　　图6-276

（4）按住Shift键的同时，选取需要的文字，设置填充色的CMYK值为0、0、20、0，填充文字，如图6-277所示。

图6-277

（5）选择"矩形"工具▢，在属性栏的"转角半径" 框中设置数值为1.6mm，如图6-278所示，在适当的位置绘制矩形。设置填充颜色的CMYK值为0、0、0、10，填充矩形，并去除其轮廓线，效果如图6-279所示。

图6-278

图6-279

（6）连续按Ctrl+PageDown组合键，后移矩形，如图6-280所示。选择"选择"工具🅑，选取矩形。按两次数字键盘上的+键，复制两个矩形。按住Ctrl键的同时，分别将其垂直向下拖曳到适当的位置，效果如图6-281所示。

图6-280

图6-281

（7）选择"文本"工具 字，在页面中单击插入光标，如图6-282所示。选择"文本 > 插入字符"命令，弹出"插入字符"泊坞窗，在泊坞窗中进行设置并选择需要的字符，如图6-283所示，双击字符将其插入光标处，效果如图6-284所示。按Space键调整字符与文字的间距，效果如图6-285所示。

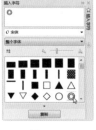

图6-282　　　　图6-283

图6-284　　　　图6-285

（8）使用相同的方法在其他位置插入字符，并填充合适的颜色，效果如图6-286所示。选择"文本"工具 字，在页面中分别输入需要的文字。选择"选择"工具 ，在属性栏中选择合适的字体并设置文字大小，填充文字为白色，效果如图6-287所示。

图6-286

图6-287

（9）选择"选择"工具 ，选取需要的文字，再次单击文字，使其处于旋转状态，向右拖曳上方中间的控制手柄到适当的位置，倾斜文字，效果如图6-288所示。选取下方的文字，在"对象属性"泊坞窗中选项的设置如图6-289所示。按Enter键，文字效果如图6-290所示。

图6-288　　　　　　图6-289

图6-290

（10）选择"选择"工具 ，分别选取文字，单击属性栏中的"将文本更改为垂直方向"按钮 ，垂直排列文字，如图6-291所示。分别将其拖曳到适当的位置，效果如图6-292所示。室内平面图设计制作完成。

图6-291　　　　图6-292

6.2 　课后习题——尚府室内平面图设计

习题知识要点：在Photoshop中，使用不透明度选项和添加图层蒙版命令制作底图合成效果，使用横排文字工具添加需要的文字；在CorelDRAW中，使用矩形工具绘制墙体，使用椭圆工具绘制饼形制作门图形，使用图纸工具绘制地板和窗图形，使用标注工具标注平面图。尚府室内平面图设计效果如图6-293所示。

效果所在位置： Ch06/效果/尚府室内平面图设计/尚府室内平面图.cdr。

图6-293

第 *7* 章

宣传单设计

本章介绍

　　宣传单是直销广告的一种，对宣传活动和促销商品有着重要的作用。宣传单通过派送、邮递等形式，可以有效地将信息传送给目标受众。众多的企业和商家都希望通过宣传单来宣传自己的产品，传播自己的企业文化。本章以商场宣传单设计为例，讲解宣传单的设计方法和制作技巧。

学习目标

◆ 在Photoshop软件中制作宣传单底图。
◆ 在CorelDRAW软件中添加产品、标志及相关信息。

技能目标

◆ 掌握"商场宣传单"的制作方法。
◆ 掌握"钻戒宣传单"的制作方法。

7.1 商场宣传单设计

案例学习目标： 在Photoshop中，学习使用图层控制面板调整图像；在CorelDRAW中，学习使用文本工具、绘制工具和填充工具制作宣传文字，使用绘图工具和立体化工具制作主体文字。

案例知识要点： 在Photoshop中，使用添加图层蒙版命令、多边形套索工具和画笔工具擦除不需要的图像，使用钢笔工具绘制形状图形；在CorelDRAW中，使用文本工具、文本属性泊坞窗、渐变工具和立体化工具制作宣传语，使用旋转工具和倾斜工具制作文字的倾斜效果，使用矩形工具、转换为曲线命令和形状工具制作装饰三角形。商场宣传单设计效果如图7-1所示。

效果所在位置： Ch07/效果/商场宣传单设计/商场宣传单.cdr。

图7-1

Photoshop 应用

7.1.1 制作背景效果

（1）打开Photoshop CS6软件，按Ctrl+N组合键，新建一个文件，宽度为60厘米，高度为80厘米，分辨率为300像素/英寸，颜色模式为RGB，背景内容为白色。将前景色设为橘黄色（其R、G、B值分别为255、186、0），按Alt+Delete组合键，用前景色填充"背景"图层，效果如图7-2所示。

（2）按Ctrl+O组合键，打开本书学习资源中的"Ch07 > 素材 > 商场宣传单设计 > 01"文件，选择"移动"工具 ▶+，将图片拖曳到图像窗口中适当的位置，如图7-3所示。在"图层"控制面板中生成新的图层并将其命名为"底图"。

图7-2　　　　　　　　图7-3

（3）单击"图层"控制面板下方的"添加图层蒙版"按钮 ▢，为图层添加蒙版，如图7-4所示。将前景色设为黑色。选择"多边形套索"工具 ▽，在图像窗口中绘制多边形选区，如图7-5所示。按Alt+Delete组合键，用前景色填充蒙版。按Ctrl+D组合键，取消选区，效果如图7-6所示。

图7-4

图7-5　　　　　　　　图7-6

（4）在"图层"控制面板上方，将"底图"图层的"不透明度"选项设为78%，如图7-7所示，按Enter键，效果如图7-8所示。

图7-7

图7-8

（5）按Ctrl＋O组合键，打开本书学习资源中的"Ch07 > 素材 > 商场宣传单设计 > 02"文件，选择"移动"工具，将图片拖曳到图像窗口的适当位置，并调整其大小，效果如图7-9所示，在"图层"控制面板中生成新图层并将其命名为"云1"。在控制面板上方，将该图层的"不透明度"选项设为68%，如图7-10所示，按Enter键，效果如图7-11所示。

图7-9

图7-10

图7-11

（6）按Ctrl＋O组合键，打开本书学习资源中的"Ch07 > 素材 > 商场宣传单设计 > 03"文件，选择"移动"工具，将图片拖曳到图像窗口的适当位置，并调整其大小，效果如图7-12所示，在"图层"控制面板中生成新图层并将其命名为"云2"。

图7-12

（7）单击"图层"控制面板下方的"添加图层蒙版"按钮，为图层添加蒙版。选择"画笔"工具，在属性栏中单击"画笔"选项右侧的按钮，在弹出的面板中选择需要的画笔形状，将"大小"选项设为400像素，如图7-13所示，在图像窗口中拖曳鼠标擦除不需要的图像，效果如图7-14所示。

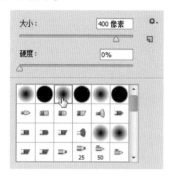

图7-13

图7-14

（8）按Ctrl＋O组合键，打开本书学习资源中的"Ch07 > 素材 > 商场宣传单设计 > 04"文件，选择"移动"工具，将图片拖曳到图像窗口的适当位置，并调整其大小，效果如图7-15所示，在"图层"控制面板中生成新图层并将其命名为"主体"。

图7-15

（9）将前景色设为粉红色（其R、G、B的值分别为240、112、93）。选择"钢笔"工具，在属性栏的"选择工具模式"选项中选择"形状"，在图像窗口中绘制形状，如图7-16所示，在"图层"控制面板中生成新的图层。用相同的方法再绘制一个暗红色（其R、G、B的值分别为146、27、41）形状，效果如图7-17所示。

图7-16　　　　　　　图7-17

（10）按Shift+Ctrl+E组合键，合并可见图层。按Ctrl+S组合键，弹出"存储为"对话框，将其命名为"商场宣传单底图"，保存为JPEG格式，单击"保存"按钮，弹出"JPEG选项"对话框，单击"确定"按钮，将图像保存。

CorelDRAW 应用

7.1.2　制作宣传语

（1）打开CorelDRAW X7软件，按Ctrl+N组合键，新建一个页面。在属性栏的"页面度量"选项中分别设置宽度为600mm，高度为800mm，按Enter键，页面显示为设置的大小。按Ctrl+I组合键，弹出"导入"对话框，打开本书学习资源中的"Ch07 > 效果 > 商场宣传单设计 > 商场宣传单底图"文件，单击"导入"按钮，在页面中单击导入图片。按P键，图片居中对齐页面，效果如图7-18所示。

（2）选择"文本"工具，在页面中分别输

入需要的文字，选择“选择”工具，在属性栏中分别选取适当的字体并设置文字大小，效果如图7-19所示。

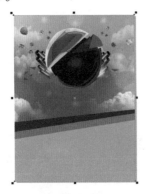

图7-18

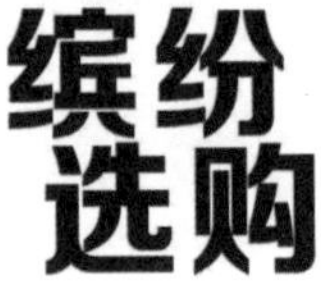
缤纷
选购

图7-19

（3）选择“选择”工具，选取需要的文字。按Ctrl+T组合键，弹出“文本属性”面板，单击“段落”按钮，选项的设置如图7-20所示，按Enter键，效果如图7-21所示。

文本属性
段落
100.0 %
%字符高度
-23.6 %
56.4 %
.0 %
文本属性

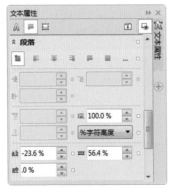

图7-20

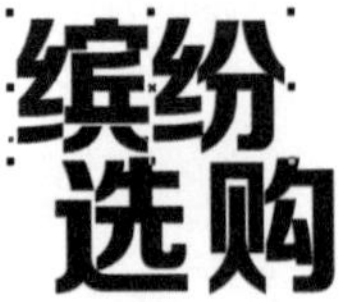
缤纷
选购

图7-21

（4）选择“选择”工具，选取需要的文字。在“文本属性”面板中，选项的设置如图7-22所示，按Enter键，效果如图7-23所示。

文本属性
段落
100.0 %
%字符高度
-19.3 %
60.7 %
.0 %
文本属性

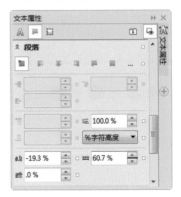

图7-22

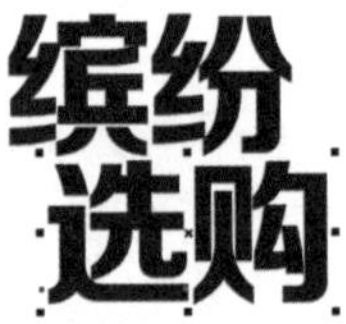
缤纷
选购

图7-23

（5）选择“文本”工具，在页面中分别输入需要的文字，选择“选择”工具，在属性栏中分别选取适当的字体并设置文字大小，效果如图7-24所示。用圈选的方法将需要的文字同时选取，单击属性栏中的“将文本更改为垂直方向”按钮，垂直排列文字，并拖曳到适当的位置，效果如图7-25所示。

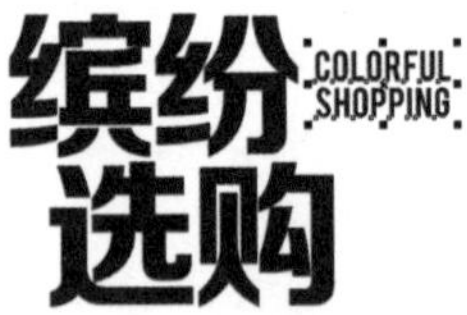
缤纷
COLORFUL
SHOPPING
选购

图7-24

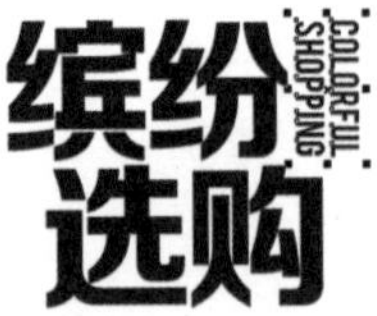
缤纷
COLORFUL
SHOPPING
选购

图7-25

（6）用圈选的方法将需要的文字同时选取，如图7-26所示。再次单击使其处于旋转状态，向上拖曳右侧中间的控制手柄到适当的位置，如图7-27所示。再次单击使其处于选取状态，选择“对象 > 造形 > 合并”命令，合并文字，效果如图7-28所示。

图7-26 　　　　　　　　　图7-27

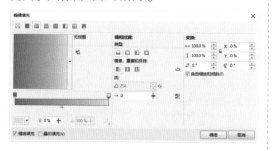

图7-28

（7）保持文字的选取状态。选择"编辑填充"工具，弹出"编辑填充"对话框，单击"渐变填充"按钮，在"位置"选项中分别输入0、100两个位置点，分别设置位置点颜色的CMYK值为0（0、80、100、0）、100（0、4、74、0），如图7-29所示。单击"确定"按钮，填充文字，效果如图7-30所示。

图7-29

图7-30

（8）选择"立体化"工具，鼠标的光标变为，在图形上从中心至下方拖曳鼠标，为文字添加立体化效果。在属性栏中单击"立体化颜色"按钮，在弹出的面板中单击"使用递减的颜色"按钮，将"从"选项颜色的CMYK值设为

0、100、100、0，"到"选项颜色的CMYK值设为0、0、0、100，其他选项的设置如图7-31所示，按Enter键，效果如图7-32所示。选择"选择"工具，将其拖曳到页面中适当的位置，如图7-33所示。

图7-31

图7-32

图7-33

（9）选择"文本"工具，在页面中分别输入需要的文字，选择"选择"工具，在属性栏中分别选取适当的字体并设置文字大小，效果如图7-34所示。用圈选的方法选取需要的文字，设置文字颜色的CMYK值为0、100、100、10，填充文字，效果如图7-35所示。选取下方的文字，设置文字颜色的CMYK值为0、20、100、0，填充文字，效果如图7-36所示。

图7-34

图7-39

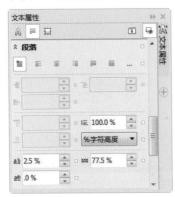

图7-35

图7-36

（10）选择"选择"工具，选取需要的文字。在"文本属性"面板中，选项的设置如图7-37所示，按Enter键，效果如图7-38所示。

图7-37

图7-40

（12）选择"选择"工具，用圈选的方法将需要的文字同时选取，按数字键盘上的+键，复制文字，并将其拖曳到适当的位置，填充文字为白色，效果如图7-41所示。选取需要的文字，如图7-42所示。

图7-38

（11）选择"选择"工具，用圈选的方法将需要的文字同时选取，再次单击文字使其处于旋转状态，向上拖曳右侧中间的控制手柄到适当的位置，效果如图7-39所示。再次单击文字使其处于选取状态，拖曳到适当的位置，效果如图7-40所示。

图7-41　　　　　　图7-42

（13）选择"编辑填充"工具，弹出"编辑填充"对话框，单击"渐变填充"按钮，在"位置"选项中分别输入0、50、100两个位置点，分别设置位置点颜色的CMYK值为0（0、0、89、0）、50（0、0、34、0）、100（0、0、90、0），如图7-43所示。单击"确定"按钮，填充文字，效果如图7-44所示。

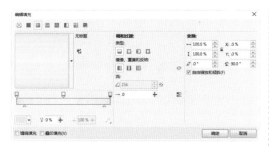

图7-43

图7-44

7.1.3 添加其他相关信息

（1）选择"文本"工具，在页面中分别输入需要的文字，选择"选择"工具，在属性栏中分别选取适当的字体并设置文字大小，效果如图7-45所示。选取需要的文字，设置文字颜色的CMYK值为0、100、100、10，填充文字，效果如图7-46所示。

图7-45

图7-46

（2）选择"椭圆形"工具，按住Ctrl键的

同时，绘制一个圆形。设置图形颜色的CMYK值为0、100、100、10，填充图形，并去除图形的轮廓线，如图7-47所示。

（3）按Ctrl+I组合键，弹出"导入"对话框，打开本书学习资源中的"Ch07 > 素材 > 商场宣传单设计 > 05"文件，单击"导入"按钮，在页面中单击导入图片，拖曳到适当的位置，效果如图7-48所示。

图7-47

图7-48

（4）选择"矩形"工具，绘制一个矩形，设置图形颜色的CMYK值为0、20、100、0，填充图形，并去除图形的轮廓线，效果如图7-49所示。再绘制一个矩形，如图7-50所示。

图7-49

图7-50

（5）保持矩形的选取状态，单击属性栏中的"转换为曲线"按钮，将图形转换为曲线，如图7-51所示。选择"形状"工具，双击右下角的控制点，删除不需要的节点，效果如图7-52所示。设置图形颜色的CMYK值为0、85、100、0，

填充图形，并去除图形的轮廓线，效果如图7-53所示。

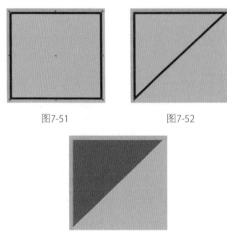

图7-51　　　　　　图7-52

图7-53

（6）选择"选择"工具，选取图形。按数字键盘上的+键，复制图形。按住Shift键的同时，水平向右拖曳图形到适当的位置，效果如图7-54所示。单击属性栏中的"水平镜像"按钮，水平翻转图形，效果如图7-55所示。

图7-54

图7-55

（7）选择"选择"工具，用圈选的方法将需要的图形同时选取。按数字键盘上的+键，按住Shift键的同时，垂直向下拖曳图形到适当的位置，效果如图7-56所示。单击属性栏中的"垂直镜像"按钮，垂直翻转图形，效果如图7-57所示。

图7-56

图7-57

（8）选择"文本"工具，在页面中分别输入需要的文字，选择"选择"工具，在属性栏中分别选取适当的字体并设置文字大小。设置文字颜色的CMYK值为100、20、0、20，填充文字，效果如图7-58所示。

图7-58

（9）选择"选择"工具，选取需要的文字。在"文本属性"面板中，选项的设置如图7-59所示，按Enter键，效果如图7-60所示。

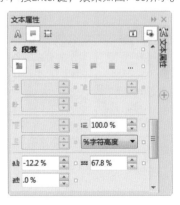

图7-59

110

图7-60

（10）选择"选择"工具，选取需要的文字。在"文本属性"面板中，选项的设置如图7-61所示，按Enter键，效果如图7-62所示。

图7-61

图7-62

（11）选择"矩形"工具，绘制一个矩形，设置图形颜色的CMYK值为0、85、100、0，填充图形，并去除图形的轮廓线，效果如图7-63所示。再绘制一个矩形，填充轮廓线颜色为白色。在属性栏的"轮廓宽度" 2 mm 框中设置数值为0.5mm，按Enter键，效果如图7-64所示。

图7-63

图7-64

（12）选择"文本"工具，在页面中分别输入需要的文字，选择"选择"工具，在属性栏中分别选取适当的字体并设置文字大小。设置文字颜色的CMYK值为0、85、100、0和白色，填充文字，效果如图7-65所示。选择"文本"工具，分别选取需要的文字，填充为黑色，效果如图7-66所示。

图7-65

图7-66

（13）用相同的方法制作其他图形和文字，

效果如图7-67所示。选择"选择"工具 ，用圈选的方法将需要的图形和文字同时选取，连续按Ctrl+PageDown组合键，向后移动到适当的位置，效果如图7-68所示。

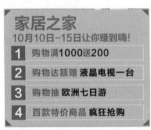

图7-67

图7-68

（14）用上述方法制作右侧的图形，如图7-69所示。选择"文本"工具 ，在页面中分别输入需要的文字，选择"选择"工具 ，在属性栏中分别选取适当的字体并设置文字大小。设置文字颜色的CMYK值为0、100、100、10，填充文字，效果如图7-70所示。在"文本属性"面板中，分别设置适当的文字间距，效果如图7-71所示。

图7-69

图7-70

图7-71

（15）选择"矩形"工具 ，绘制一个矩形，设置图形颜色的CMYK值为0、100、100、10，填充图形，并去除图形的轮廓线，效果如图7-72所示。选择"文本"工具 ，在页面中输入需要的文字并分别选取文字，在属性栏中分别选取适当的字体并设置文字大小，设置文字颜色的CMYK值为0、20、100、0和白色，填充文字，效果如图7-73所示。

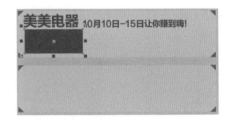

图7-72

图7-73

（16）用相同的方法制作其他图形和文字，效果如图7-74所示。在下方的图形上分别输入需要的文字，并填充适当的颜色，效果如图7-75所示。

图7-74

图7-75

（17）选择"矩形"工具□，绘制一个矩形，设置图形颜色的CMYK值为0、100、0、0，填充图形，并去除图形的轮廓线，效果如图7-76所示。连续按Ctrl+PageDown组合键，后移图形到适当的位置，效果如图7-77所示。

图7-76

图7-77

（18）用相同的方法绘制图形并后移到适当的位置，效果如图7-78所示。商场宣传单制作完成，效果如图7-79所示。

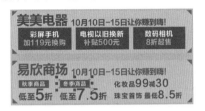

图7-78

图7-79

（19）按Ctrl+S组合键，弹出"保存图形"对话框，将制作好的图像命名为"商场宣传单"，保存为CDR格式，单击"保存"按钮，将图像保存。

7.2 课后习题——钻戒宣传单设计

习题知识要点： 在Photoshop中，使用移动工具、添加图层蒙版按钮和画笔工具制作背景效果；在CorelDRAW中，使用文本工具、贝塞尔工具、两点线工具、轮廓图工具和图框精确剪裁命令制作宣传语，使用矩形工具、文本工具和倾斜工具制作其他宣传语。钻戒宣传单设计效果如图7-80所示。

效果所在位置： Ch07/效果/钻戒宣传单设计/钻戒宣传单.cdr。

图7-80

第 8 章

广告设计

本章介绍

　　广告以多样的形式出现在城市中，是城市商业发展的写照，广告通过电视、报纸和霓虹灯等媒介来发布。好的广告要强化视觉冲击力，抓住观众的视线。广告是重要的宣传媒体之一，具有实效性强、受众广泛、宣传力度大的特点。本章以汽车广告设计为例，讲解广告的设计方法和制作技巧。

学习目标

◆ 在Photoshop软件中制作背景图和产品图片。

◆ 在CorelDRAW软件中添加广告语、标志及其他相关信息。

技能目标

◆ 掌握"汽车广告"的制作方法。

◆ 掌握"红酒广告"的制作方法。

8.1 汽车广告设计

案例学习目标： 在Photoshop中，学习使用图层面板、绘图工具、滤镜命令和画笔工具制作广告背景。在CorelDRAW中，学习使用图形绘制工具和文字工具添加广告语和相关信息。

案例知识要点： 在Photoshop中，使用渐变工具和图层面板制作背景效果，使用多边形套索工具、画笔工具和高斯模糊滤镜命令制作汽车投影，使用亮度/对比度调整层调整图像颜色；在CorelDRAW中，使用矩形工具、渐变工具和图框精确剪裁命令制作广告语底图，使用文本工具、对象属性面板和阴影工具制作广告语，使用导入命令添加礼品，使用文本工具和透明度工具制作标志文字。汽车产品广告设计效果如图8-1所示。

效果所在位置： Ch08/效果/汽车广告设计/汽车广告.cdr。

图8-1

Photoshop 应用

8.1.1 绘制背景底图

（1）打开Photoshop CS6软件，按Ctrl＋N组合键，新建一个文件，宽度为80厘米，高度为60厘米，分辨率为150像素/英寸，颜色模式为RGB，背景内容为白色。

（2）新建图层并将其命名为"渐变"。选择"渐变"工具 ，单击属性栏中的"点按可编辑渐变"按钮 ，弹出"渐变编辑器"对话框，将渐变色设为从浅蓝色（其R、G、B的值分

别为197、234、253）到蓝色（其R、G、B的值分别为128、224、255），如图8-2所示，单击"确定"按钮。单击属性栏中的"径向渐变"按钮 ，在图像窗口中从中心向上拖曳出渐变色，效果如图8-3所示。

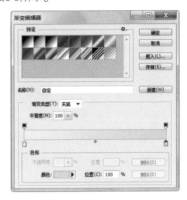

图8-2

图8-3

（3）在"图层"控制面板下方单击"添加图层蒙版"按钮 ，为图层添加蒙版，如图8-4所示。选择"渐变"工具 ，单击属性栏中的"点按可编辑渐变"按钮 ，弹出"渐变编辑器"对话框，将渐变色设为从黑色到白色，单击"确定"按钮。在图像窗口中从下向上拖曳出渐变色，效果如图8-5所示。

图8-4　　　　　图8-5

8.1.2　制作图片融合

（1）按Ctrl＋O组合键，打开本书学习资源中的"Ch08 > 素材 > 汽车广告设计 > 01"文件，选择"移动"工具 ，将图片拖曳到图像窗口中适当的位置，如图8-6所示。在"图层"控制面板中生成新的图层并将其命名为"天空"。

图8-6

（2）在"图层"控制面板上方，将"天空"图层的混合模式选项设为"明度"，将"不透明度"选项设为75%，如图8-7所示，图像窗口中的效果如图8-8所示。

图8-7

图8-8

（3）按Ctrl＋O组合键，打开本书学习资源中的"Ch08 > 素材 > 汽车广告设计 > 02"文件，选择"移动"工具 ，将图片拖曳到图像窗口中适当的位置，如图8-9所示。在"图层"控制面板中生成新的图层并将其命名为"城市剪影"。

图8-9

（4）在"图层"控制面板上方，将"城市剪影"图层的"不透明度"选项设为24%，如图8-10所示，图像窗口中的效果如图8-11所示。

图8-10

图8-11

（5）按Ctrl＋O组合键，打开本书学习资源中的"Ch08 > 素材 > 汽车广告设计 > 03"文件，选择"移动"工具 ，将图片拖曳到图像窗口中适当的位置，如图8-12所示。在"图层"控制面板中生成新的图层并将其命名为"地面"。

图8-12

（6）在"图层"控制面板上方，将"地面"

图层的"不透明度"选项设为30%，如图8-13所示，图像窗口中的效果如图8-14所示。

图8-13

图8-14

（7）在"图层"控制面板下方单击"添加图层蒙版"按钮，为图层添加蒙版，如图8-15所示。将前景色设为黑色。选择"画笔"工具，单击"画笔"选项右侧的按钮，在弹出的面板中选择需要的画笔形状，并设置适当的画笔大小，如图8-16所示。在图像窗口中擦除不需要的图像，效果如图8-17所示。

图8-15　　　　　图8-16

图8-17

（8）按Ctrl＋O组合键，打开本书学习资源中的"Ch08 > 素材 > 汽车广告设计 > 04"文件，选择"移动"工具，将图片拖曳到图像窗口中适当的位置，如图8-18所示。在"图层"控制面板中生成新的图层并将其命名为"潮流元素1"。

图8-18

（9）在"图层"控制面板上方，将"潮流元素1"图层的"填充"选项设为50%，如图8-19所示，图像窗口中的效果如图8-20所示。

图8-19

图8-20

（10）按Ctrl＋O组合键，打开本书学习资源中的"Ch08 > 素材 > 汽车广告设计 > 05"文件，选择"移动"工具，将图片拖曳到图像窗口中适当的位置，如图8-21所示。在"图层"控制面板中生成新的图层并将其命名为"潮流元素2"。

图8-21

（11）在"图层"控制面板上方，将"潮流元素2"图层的"填充"选项设为63%，如图8-22所示，图像窗口中的效果如图8-23所示。

图8-22

图8-23

（12）按Ctrl＋O组合键，打开本书学习资源中的"Ch08 > 素材 > 汽车广告设计 > 06"文件，选择"移动"工具 ▶⁺，将图片拖曳到图像窗口中适当的位置，如图8-24所示。在"图层"控制面板中生成新的图层并将其命名为"潮流元素3"。

图8-24

（13）在"图层"控制面板上方，将"潮流元素3"图层的"填充"选项设为50%，如图8-25所示，图像窗口中的效果如图8-26所示。按住Shift键的同时，单击"潮流元素1"图层，将需要的图层同时选取，按Ctrl+G组合键编组图层，如图8-27所示。

图8-25

图8-26

图8-27

8.1.3　添加产品图片并制作投影

（1）按Ctrl＋O组合键，打开本书学习资源中的"Ch08 > 素材 > 汽车广告设计 > 07"文件，选择"移动"工具 ▶⁺，将图片拖曳到图像窗口中适当的位置，如图8-28所示。在"图层"控制面板中生成新的图层并将其命名为"汽车"。新建图层并将其命名为"阴影"。选择"多边形套索"工具 ，在适当的位置绘制多边形选区，如图8-29所示。

图8-28

图8-29

（2）填充为黑色，并取消选区，效果如图8-30所示。在"图层"控制面板下方单击"添加图层蒙版"按钮 ，为图层添加蒙版，如图8-31所示。选择"画笔"工具 ，在属性栏中将"不透明度"选项设为24%，"流量"选项设为1%，在图像窗口中擦除不需要的图像，效果如图8-32所示。

图8-30

图8-31

图8-32

（3）选择"滤镜 > 模糊 > 高斯模糊"命令，在弹出的对话框中进行设置，如图8-33所示，单击"确定"按钮，效果如图8-34所示。

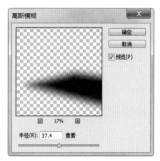

图8-33

图8-34

（4）在"图层"控制面板上方，将"阴影"图层的"填充"选项设为85%，如图8-35所示，图像窗口中的效果如图8-36所示。在"图层"控制面板中，将"阴影"图层拖曳到"汽车"图层的下方，图像效果如图8-37所示。

图8-35

图8-36

图8-37

（5）单击"图层"控制面板下方的"创建新的填充或调整图层"按钮 ，在弹出的菜单中选择"亮度/对比度"命令，在"图层"控制面板中生成"亮度/对比度1"图层，同时弹出相应的调整面板，选项的设置如图8-38所示。按Enter键，效果如图8-39所示。汽车广告底图制作完成。

图8-38

图8-39

（6）按Shift+Ctrl+E组合键，合并可见图层。按Ctrl+S组合键，弹出"存储为"对话框，将其命名为"汽车广告底图"，保存为JPEG格式，单击"保存"按钮，弹出"JPEG选项"对话框，单击"确定"按钮，将图像保存。

CoreIDRAW 应用

8.1.4 绘制广告语底图

（1）打开CorelDRAW X7软件，按Ctrl+N组合键，新建一个页面。在属性栏的"页面度量"选项中分别设置宽度为800mm，高度为600mm，按Enter键，页面显示为设置的大小。

（2）按Ctrl+I组合键，弹出"导入"对话框，打开本书学习资源中的"Ch08 > 效果 > 汽车广告设计 > 汽车广告底图"文件，单击"导入"按钮，在页面中单击导入图片，如图8-40所示。按P键，图片居中对齐页面，效果如图8-41所示。

图8-40

图8-41

（3）选择"矩形"工具 ，绘制一个矩形，填充图形为黑色，效果如图8-42所示。再次单击图形，使其处于旋转状态，向右拖曳上方中间的控制手柄到适当的位置，效果如图8-43所示。

图8-42

图8-43

（4）用相同的方法绘制其他倾斜矩形，效果如图8-44所示。再绘制一个倾斜的矩形，设置填充颜色的CMYK值为0、20、60、20，填充图形，效果如图8-45所示。

图 8-44　　　　　　　图 8-45

（5）选择"矩形"工具▢，绘制一个矩形，如图8-46所示。按F11键，弹出"编辑填充"对话框，选择"渐变填充"按钮▣，将"起点"颜色的CMYK值设置为0、20、60、84，"终点"颜色的CMYK值设置为0、20、60、20，将下方三角图标的"节点位置"设为28%，其他选项的设置如图8-47所示。单击"确定"按钮，填充图形，效果如图8-48所示。

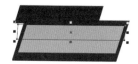

图8-46

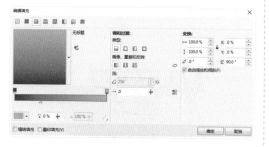

图8-47

图8-48

（6）选择"选择"工具▢，选取渐变图形。

选择"对象 > 图框精确剪裁 > 置于图文框内部"命令，鼠标光标变为黑色箭头形状，在倾斜的矩形上单击鼠标，将渐变图形置入倾斜的矩形，效果如图8-49所示。

图8-49

8.1.5　添加并制作广告语

（1）选择"文本"工具▢，在图形上分别输入需要的文字，选择"选择"工具▢，在属性栏中分别选取适当的字体并设置文字大小，效果如图8-50所示。分别选取需要的文字，设置文字颜色的CMYK值为0、100、100、0和白色，填充文字，效果如图8-51所示。

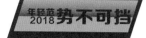

图8-50

图8-51

（2）选取需要的文字。按Alt+Enter组合键，弹出"对象属性"泊坞窗，单击"段落"按钮▣，弹出相应的泊坞窗，选项的设置如图8-52所示。按Enter键，文字效果如图8-53所示。

图8-52

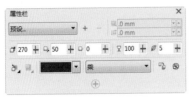

图8-53

（3）选择"选择"工具 ，选取需要的文字。选择"阴影"工具 ，在文字上从上向下拖曳光标，在属性栏中进行设置，如图8-54所示。按Enter键，效果如图8-55所示。

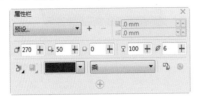

图8-54

图8-55

（4）选择"选择"工具 ，选取需要的文字。选择"阴影"工具 ，在文字上从上向下拖曳光标，在属性栏中进行设置，如图8-56所示。按Enter键，效果如图8-57所示。

图8-56

图8-57

（5）选择"选择"工具 ，按住Shift键的同时，选取需要的文字，如图8-58所示。再次单击文字，使其处于旋转状态，向右拖曳上方中间的控制手柄到适当的位置，向上拖曳上方中间的控制手柄到适当的位置，向下拖曳下方中间的控制手柄到适当的位置，效果如图8-59所示。

图8-58

图8-59

（6）选择"文本"工具 ，在图形上输入需要的文字，选择"选择"工具 ，在属性栏中选取适当的字体并设置文字大小，填充文字为白色，效果如图8-60所示。向左拖曳右侧中间的控制手柄到适当的位置，效果如图8-61所示。

图8-60

图8-61

（7）保持文字的选取状态，再次单击文字使其处于旋转状态，向右拖曳上方中间的控制手柄到适当的位置，效果如图8-62所示。用相同的方法输入下方的文字，效果如图8-63所示。

图8-62

图8-63

（8）选择"选择"工具 ⬚，用圈选的方法将广告语同时选取，拖曳到适当的位置，效果如图8-64所示。再次单击图形使其处于旋转状态，向上拖曳右侧中间的控制手柄到适当的位置，效果如图8-65所示。

图8-64

图8-65

8.1.6 添加其他相关信息

（1）选择"矩形"工具 ⬚，绘制一个矩形，在属性栏的"圆角半径" ⬚ 框中进行设置，如图8-66所示，按Enter键。填充为黑色，并去除图形的轮廓线，效果如图8-67所示。

图8-66

图8-67

（2）选择"矩形"工具 ⬚，绘制一个矩形，在属性栏的"圆角半径" ⬚ 框中进行设置，如图8-68所示，按Enter键。填充为80%黑色，并去除图形的轮廓线，效果如图8-69所示。

图8-68

图8-69

（3）选择"文本"工具 ⬚，在图形上输入需要的文字，选择"选择"工具 ⬚，在属性栏中选取适当的字体并设置文字大小，效果如图8-70所示。设置文字颜色的CMYK值为0、20、100、0，填充文字，效果如图8-71所示。

图8-70

图8-71

（4）保持文字的选取状态。在"对象属性"泊坞窗中选项的设置如图8-72所示。按Enter键，文字效果如图8-73所示。

图8-72

图8-73

（5）选择"选择"工具，选取文字。按
数字键盘上的+键，复制文字。将文字填充为黑
色，并拖曳到适当的位置，效果如图8-74所示。
按Ctrl+PageDown组合键后移文字，效果如图8-75
所示。

图8-74

图8-75

（6）选择"文本"工具，在图形上分别输
入需要的文字，选择"选择"工具，在属性栏
中分别选取适当的字体并设置文字大小，填充为
白色，效果如图8-76所示。选择"文本"工具，
分别选取需要的文字，在属性栏中设置适当的文
字大小，效果如图8-77所示。

图8-76

图8-77

（7）选择"选择"工具，选取需要的文
字。在"对象属性"泊坞窗中选项的设置如图
8-78所示。按Enter键，文字效果如图8-79所示。

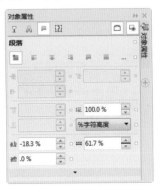

图8-78

图8-79

（8）选取需要的文字，在"对象属性"泊坞
窗中选项的设置如图8-80所示。按Enter键，文字
效果如图8-81所示。

图8-80

图8-81

（9）选取需要的文字，在"对象属性"泊坞窗中选项的设置如图8-82所示。按Enter键，文字效果如图8-83所示。

图8-82

图8-83

（10）选择"星形"工具，在属性栏的"点数或边数"框中设置数值为5，"锐度"框中设置数值为53，在适当的位置绘制星形。设置填充颜色的CMYK值为0、100、100、0，填充图形，并去除图形的轮廓线，效果如图8-84所示。

图8-84

（11）选择"选择"工具，选取星形。按数字键盘上的+键，复制星形，并将其拖曳到适当的位置，效果如图8-85所示。用相同的方法复制星形，并将其拖曳到适当的位置，效果如图8-86所示。

图8-85   图8-86

（12）选择"2点线"工具，按住Shift键的同时，在适当的位置拖曳鼠标绘制直线。在属性栏的"轮廓宽度" 2 mm 框中设置数值为1mm，填充轮廓线颜色为白色，效果如图8-87所示。选择"矩形"工具，绘制一个矩形，将其填充为黑色，并去除图形的轮廓线，效果如图8-88所示。

图8-87

图8-88

（13）选择"选择"工具，选取矩形。按数字键盘上的+键，复制矩形。向上拖曳下方中间的控制手柄到适当的位置，填充图形为80%黑色，效果如图8-89所示。选择"文本"工具，在图形上输入需要的文字，选择"选择"工具，在属性栏中选取适当的字体并设置文字大小。设置文字颜色的CMYK值为0、20、100、0，填充文字，效果如图8-90所示。

图8-89

图8-90

（14）选取需要的文字，在"对象属性"泊坞窗中选项的设置如图8-91所示。按Enter键，文字效果如图8-92所示。

图8-91

图8-92

（15）选择"文本"工具，在图形上分别输入需要的文字，选择"选择"工具，在属性栏中分别选取适当的字体并设置文字大小，填充为白色，效果如图8-93所示。选择"文本"工具，选取需要的文字，在属性栏中设置适当的文字大小，效果如图8-94所示。

图8-93　　　　　　　图8-94

（16）选择"选择"工具，选取需要的文字。在"对象属性"泊坞窗中选项的设置如图8-95所示。按Enter键，文字效果如图8-96所示。

图8-95

图8-96

（17）选取需要的文字。在"对象属性"泊坞窗中选项的设置如图8-97所示。按Enter键，文字效果如图8-98所示。

图8-97

图8-98

（18）选择"矩形"工具，绘制一个矩形，在属性栏的"圆角半径"框中进行设置，如图8-99所示，按Enter键。将该矩形填充为20%黑色，并去除图形的轮廓线，效果如图8-100所示。

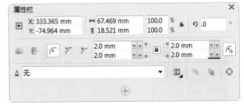

图8-99

图8-100

（19）选择"选择"工具，选取圆角矩形。按数字键盘上的+键，复制矩形，将其拖曳到适当的位置，并填充为黑色，效果如图8-101所示。

图8-101

（20）选择"文本"工具，在图形上输入需要的文字，选择"选择"工具，在属性栏中选取适当的字体并设置文字大小。设置文字颜色的CMYK值为0、20、100、0，填充文字，效果如图8-102所示。

图8-102

（21）选择"文本"工具，选取需要的文字，在属性栏中设置适当的文字大小，效果如图8-103所示。选择"矩形"工具，绘制一个矩形，在属性栏的"圆角半径"框中进行设置，如图8-104所示，按Enter键。填充轮廓线为白色，效果如图8-105所示。

（22）选择"选择"工具，选取圆角矩形。按数字键盘上的+键，复制矩形，并将其拖曳到适当的位置，效果如图8-106所示。用相同的方法再次复制需要的圆角矩形，效果如图8-107所示。用上述方法制作其他图形和文字，效果如图

8-108所示。

图8-103

图8-104

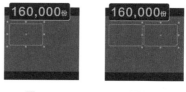

图8-105　　　　　图8-106

图8-107

图8-108

（23）选择"选择"工具，用圈选的方法将所有图形同时选取，按Ctrl+G组合键群组图形，如图8-109所示。将其拖曳到适当的位置，效果如图8-110所示。再次单击图形使其处于旋转状态，向右拖曳上方中间的控制手柄到适当的位置，效果如图8-111所示。

图8-109

图8-110

图8-111

（24）按Ctrl+I组合键，弹出"导入"对话框，打开本书学习资源中的"Ch08 > 素材 > 汽车广告设计 > 08、09、10、11、12"文件，单击"导入"按钮，在页面中多次单击导入图片，选择"选择"工具 ，分别将其拖曳到适当的位置并调整其大小，效果如图8-112所示。

图8-112

（25）选择"选择"工具 ，选取需要的图片。按数字键盘上的+键，复制图片，并将其拖曳到适当的位置，效果如图8-113所示。

图8-113

8.1.7　制作标志文字

（1）选择"文本"工具 ，在页面上输入需要的文字，选择"选择"工具 ，在属性栏中选取适当的字体并设置文字大小，填充文字为白色，效果如图8-114所示。保持文字的选取状态。在"对象属性"泊坞窗中选项的设置如图8-115所

示。按Enter键，文字效果如图8-116所示。

图8-114

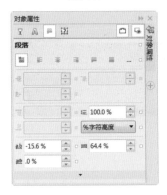

图8-115

图8-116

（2）选择"选择"工具 ，按数字键盘上的+键，复制文字，并将其拖曳到适当的位置，效果如图8-117所示。单击属性栏中的"垂直镜像"按钮 ，垂直翻转文字，效果如图8-118所示。选择"透明度"工具 ，在文字上从下向上拖曳光标添加透明效果，如图8-119所示。汽车广告制作完成，效果如图8-120所示。

图8-117

图8-118

图8-119

图8-120

8.2 课后习题——红酒广告设计

习题知识要点：在Photoshop中，使用图层蒙版按钮和画笔工具制作图片的融合效果，使用图层样式命令为图片添加投影效果；在CorelDRAW中，使用矩形工具、文本工具和文本属性泊坞窗制作标志图形，使用文本工具和阴影工具制作宣传语。红酒广告设计效果如图8-121所示。

效果所在位置：Ch08/效果/红酒广告设计/红酒广告.cdr。

图8-121

第 9 章

海报设计

本章介绍

　　海报是广告艺术中的一种大众化载体，又名"招贴"或"宣传画"。由于海报具有尺寸大、远视性强、艺术性高的特点，因此，在宣传媒介中占有重要的位置。本章以茶艺海报设计为例，讲解海报的设计方法和制作技巧。

学习目标

◆ 在Photoshop软件中制作海报背景图。
◆ 在CorelDRAW软件中添加标题及相关信息。

技能目标

◆ 掌握"茶艺海报"的制作方法。
◆ 掌握"夏日派对海报"的制作方法。

9.1 茶艺海报设计

案例学习目标： 学习在Photoshop中使用蒙版、文字工具、填充工具和滤镜命令制作海报背景图；在CorelDRAW中使用置入命令、文本工具、形状工具和图形绘制工具添加标题及相关信息。

案例知识要点： 在Photoshop中，使用添加图层蒙版命令和渐变工具制作图片的合成效果，使用直排文字工具、字符面板和图层混合模式制作背景文字，使用画笔工具擦除图片中不需要的图像，使用画笔工具和高斯模糊命令制作烟雾效果；在CorelDRAW中，使用矩形工具、形状工具和透明度工具制作矩形框；使用文本工具、形状工具添加并编辑标题文字，使用椭圆工具、合并命令、移除前面对象命令和使文本适合路径命令制作标志效果。茶艺海报设计效果如图9-1所示。

效果所在位置： Ch09/效果/茶艺海报设计/茶艺海报.cdr。

图9-1

Photoshop 应用

9.1.1 处理背景图片

（1）按Ctrl+N组合键，新建一个文件，宽度为21厘米，高度为28.5厘米，分辨率为150像素/

英寸，颜色模式为RGB，背景内容为白色，单击"确定"按钮。

（2）按Ctrl+O组合键，打开本书学习资源中的"Ch09 > 素材 > 茶艺海报设计 > 01"文件。选择"移动"工具![移动]，将"01"图片拖曳到新建文件的适当位置，如图9-2所示，在"图层"控制面板中生成新的图层并将其命名为"图片"。按Ctrl+J组合键，复制图层，如图9-3所示。

图9-2   图9-3

（3）按Ctrl+T组合键，图像周围出现变换框，在变换框中单击鼠标右键，在弹出的菜单中选择"垂直翻转"命令，翻转图像，调整其大小和位置，按Enter键确认操作，效果如图9-4所示。单击"图层"控制面板下方的"添加图层蒙版"按钮![添加图层蒙版]，为图层添加蒙版，如图9-5所示。

图9-4   图9-5

（4）将前景色设为黑色。选择"画笔"工具 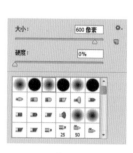，在属性栏中单击"画笔"选项右侧的按钮 ⬚，弹出画笔选择面板，选择需要的画笔形状，设置如图9-6所示。在图像窗口中拖曳鼠标擦除不需要的图像，效果如图9-7所示。

图9-6   图9-7

（5）单击"图层"控制面板下方的"创建新的填充或调整图层"按钮 ⬤，在弹出的菜单中选择"色阶"命令，在"图层"控制面板中生成"色阶1"图层，同时弹出"色阶"面板，设置如图9-8所示，按Enter键确认操作，效果如图9-9所示。

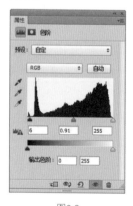

图9-8   图9-9

（6）单击"图层"控制面板下方的"创建新的填充或调整图层"按钮 ⬤，在弹出的菜单中选择"色相/饱和度"命令，在"图层"控制面板中生成"色相/饱和度1"图层，同时弹出"色相/饱和度"面板，设置如图9-10所示，按Enter键确认操作，效果如图9-11所示。

图9-10   图9-11

（7）单击"图层"控制面板下方的"创建新的填充或调整图层"按钮 ⬤，在弹出的菜单中选择"色彩平衡"命令，在"图层"控制面板中生成"色彩平衡1"图层，同时弹出"色彩平衡"面板，设置如图9-12所示，按Enter键确认操作，效果如图9-13所示。

图9-12   图9-13

（8）茶艺海报背景图制作完成。按Shift+Ctrl+E组合键，合并可见图层。按Ctrl+S组合键，弹出"存储为"对话框，将其命名为"茶艺海报背景图"，保存为JPEG格式，单击"保存"按钮，弹出"JPEG选项"对话框，单击"确定"按钮，将图像保存。

CorelDRAW 应用

9.1.2　导入并编辑宣传语

（1）打开CorelDRAW X7软件，按Ctrl+N组合键，新建一个页面。在属性栏的"页面度量"选项中分别设置宽度为210mm，高度为285mm，按Enter键，页面尺寸显示为设置的大小。

（2）按Ctrl+I组合键，弹出"导入"对话框，选择本书学习资源中的"Ch09 > 效果 > 茶艺海报设计 > 茶艺海报背景图"文件，单击"导入"按钮，在页面中单击导入图片，如图9-14所示。按P键，图片在页面中居中对齐，效果如图9-15所示。

图9-14　　　　　　　　　图9-15

（3）选择"矩形"工具□，在页面中适当的位置绘制一个矩形，如图9-16所示。设置轮廓线颜色为白色，并在属性栏的"轮廓宽度" ⌀ 2 mm 框中设置数值为2.5mm，按Enter键，效果如图9-17所示。按Ctrl+Q组合键，将图形转换为曲线。

图9-16　　　　　　　　　图9-17

（4）选择"形状"工具，在适当的位置分别双击鼠标添加节点，如图9-18所示。选取中间的线段，按Delete键将其删除，效果如图9-19所示。使用相同的方法分别添加其他节点，并删除相应的线段，效果如图9-20所示。

图9-18　　　　　　　　　图9-19

图9-20

（5）选择"选择"工具，选取白色图形，按数字键盘上的+键，复制图形。向右下方拖曳复制的图形到适当的位置，效果如图9-21所示。

图9-21

（6）选择"透明度"工具，在属性栏中单击"均匀透明度"按钮，其他选项的设置如图9-22所示，按Enter键，效果如图9-23所示。

图9-22

图9-23

（7）按Ctrl+I组合键，弹出"导入"对话框，选择本书学习资源中的"Ch09 > 素材 > 茶艺海报设计 > 02"文件，单击"导入"按钮，在页面中单击导入图片，将其拖曳到适当的位置并调整其大小，效果如图9-24所示。

图9-24

（8）选择"阴影"工具，在图片中由上至下拖曳光标，为图片添加阴影效果，在属性栏中的设置如图9-25所示；按Enter键，效果如图9-26所示。

（9）选择"文本"工具，在适当的位置分别输入需要的文字，选择"选择"工具，在属性栏中分别选取适当的字体并设置文字大小，效果如图9-27所示。选取文字"茶"，按

Ctrl+Q组合键，将文字转化为曲线，如图9-28所示。

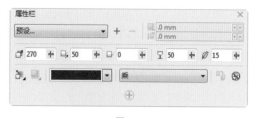

图9-25

图9-26

图9-27　　　　　　　图9-28

（10）选择"形状"工具，用圈选的方法选取需要的节点，如图9-29所示。向右拖曳节点到适当的位置，效果如图9-30所示。

图9-29　　　　　　　图9-30

（11）用相同的方法调整其他节点的位置，效果如图9-31所示。选择"文本"工具，在页面中适当的位置输入需要的文字，选择"选择"工具，在属性栏中选取适当的字体并设置文字大小；单击"将文本更改为垂直方向"按钮，更改文字方向，效果如图9-32所示。

图9-31　　　　　　　　图9-32

9.1.3　制作展览的标志图形

（1）选择"椭圆形"工具，按住Ctrl键，在页面的空白处绘制一个圆形，填充圆形为黑色，并去除圆形的轮廓线，效果如图9-33所示。选择"矩形"工具，在圆形的下方绘制一个矩形，填充圆形为黑色，并去除圆形的轮廓线，效果如图9-34所示。选择"选择"工具，用圈选的方法，将圆形和矩形同时选取，按C键进行垂直居中对齐。

图9-33　　　　　　　　图9-34

（2）选择"椭圆形"工具，在矩形的下方绘制一个椭圆形，填充椭圆形为黑色，并去除椭圆形的轮廓线，效果如图9-35所示。选择"选择"工具，用圈选的方法，将3个图形同时选取，按C键进行垂直居中对齐。单击属性栏中的"合并"按钮，将图形全部合并为一个图形，效果如图9-36所示。

图9-35　　　　　　　　图9-36

（3）选择"椭圆形"工具，在页面中绘制一个椭圆形，填充椭圆形为黄色，并去除椭圆形的轮廓线，效果如图9-37所示。选择"选择"工具，选取椭圆，按住Ctrl键的同时，水平向右拖曳图形，并在适当的位置上单击鼠标右键，复制一个图形，效果如图9-38所示。

图9-37　　　　　　　　图9-38

（4）选择"选择"工具，用圈选的方法将绘制的图形同时选取，单击属性栏中的"移除前面对象"按钮，将3个图形剪切为一个图形，效果如图9-39所示。

图9-39

（5）选择"矩形"工具，在椭圆形的上方绘制一个矩形，效果如图9-40所示。选择"选择"工具，用圈选的方法将修剪后的图形和矩形同时选取，单击属性栏中的"移除前面对象"按钮，将两个图形剪切为一个图形，效果如图9-41所示。

图9-40　　　　　　　　图9-41

（6）选择"矩形"工具 ▢，在页面中绘制一个矩形，效果如图9-42所示。选择"椭圆形"工具 ○，在矩形的左侧绘制一个椭圆形，在"CMYK调色板"中的"黄"色块上单击鼠标右键，填充轮廓线，效果如图9-43所示。选择"选择"工具 ▨，选取椭圆形，按住Ctrl键的同时，水平向右拖曳图形，并在适当的位置上单击鼠标右键，复制一个图形，效果如图9-44所示。

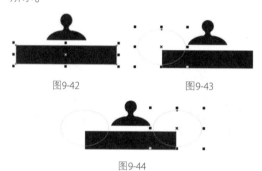

图9-42　　　　　　　图9-43

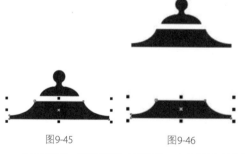

图9-44

（7）选择"选择"工具 ▨，按住Shift键的同时，依次单击矩形和两个椭圆形，将其同时选取，单击属性栏中的"移除前面对象"按钮 ▣，将3个图形剪切为一个图形，效果如图9-45所示。按住Ctrl键，垂直向下拖曳图形，并在适当的位置上单击鼠标右键复制一个图形，效果如图9-46所示。

图9-45　　　　　　　图9-46

（8）选择"椭圆形"工具 ○，在页面中绘制一个椭圆形，填充图形为黑色，并去除轮廓线，效果如图9-47所示。选择"矩形"工具 ▢，在椭圆形的上面绘制一个矩形，效果如图9-48所示。使用相同方法制作出如图9-49所示的效果。

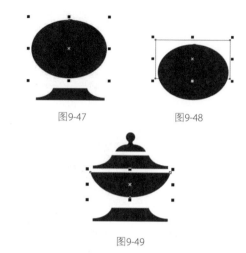

图9-47　　　　　　　图9-48

图9-49

（9）选择"矩形"工具 ▢，在半圆形的下方绘制一个矩形，填充矩形为黑色，并去除图形的轮廓线，效果如图9-50所示。选择"选择"工具 ▨，用圈选的方法，将图形全部选取，按C键，进行垂直居中对齐。

（10）选择"贝塞尔"工具 ✎，在页面中绘制出一个不规则的图形，填充图形为黑色，并去除图形的轮廓线，效果如图9-51所示。

图9-50　　　　　　　图9-51

（11）使用相同的方法绘制出其他图形，效果如图9-52所示。选择"选择"工具 ▨，用圈选的方法将图形全部选取，按Ctrl+G组合键将其群组，拖曳群组图形到适当的位置并调整其大小，填充图形为白色，效果如图9-53所示。

图9-52

图9-53

（12）选择"椭圆形"工具，按住Ctrl键的同时，在茶壶图形上绘制一个圆形，设置图形颜色的CMYK值为95、55、95、30，填充图形；设置轮廓线颜色的CMYK值为100、0、100、0，填充轮廓线，并在属性栏中设置适当的轮廓宽度，效果如图9-54所示。按Ctrl+PageDown组合键，将其置后一位。选择"选择"工具，按住Shift键的同时，依次单击茶壶图形和圆形将其同时选取，按C键，进行垂直居中对齐，如图9-55所示。

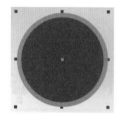

图9-54   图9-55

（13）选择"椭圆形"工具，按住Ctrl键的同时，在页面中绘制一个圆形，设置填充轮廓线颜色的CMYK值为40、0、100、0，在属性栏中设置适当的宽度，效果如图9-56所示。

（14）选择"文本"工具，在页面中输入需要的文字。选择"选择"工具，在属性栏中选择合适的字体并设置文字大小，效果如图9-57所示。

图9-56   图9-57

（15）保持文字的选取状态，选择"文本 > 使文本适合路径"命令，将光标置于圆形轮廓

线上方并单击，如图9-58所示；文本自动绕路径排列，效果如图9-59所示。在属性栏中进行设置，如图9-60所示。按Enter键确认，效果如图9-61所示。

图9-58   图9-59

图9-60

图9-61

（16）选择"文本"工具，在页面中输入需要的英文。选择"选择"工具，在属性栏中选择合适的字体并设置文字大小，如图9-62所示。

图9-62

（17）选择"文本 > 使文本适合路径"命令，将光标置于圆形轮廓线下方单击，如图9-63所示；文本自动绕路径排列，效果如图9-64所示。在属性栏中单击"水平镜像"按钮

和"垂直镜像"按钮，其他选项的设置如图9-65所示。按Enter键确认，效果如图9-66所示。

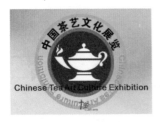

图9-63

图9-64

图9-65

图9-66

9.1.4 添加展览日期及相关信息

（1）选择"文本"工具，在页面中输入需要的文字。选择"选择"工具，在属性栏中选择合适的字体并设置文字大小，如图9-67所示。

（2）按Alt+Enter组合键，弹出"对象属性"泊坞窗，单击"段落"按钮，弹出相应的泊坞窗，选项的设置如图9-68所示，按Enter键，文字效果如图9-69所示。

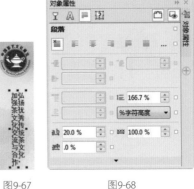
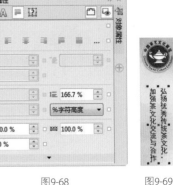

图9-67　　　　　图9-68　　　　　图9-69

（3）选择"文本 > 插入字符"命令，弹出"插入字符"面板，在面板中按需要进行设置并选择需要的字符，如图9-70所示。将字符拖曳到页面中适当的位置并调整其大小，效果如图9-71所示。选取字符，设置字符颜色的CMYK值为95、35、95、30，填充字符，效果如图9-72所示。用相同的方法制作出另一个字符图形，效果如图9-73所示。

图9-70

图9-71　　　　图9-72　　　　图9-73

（4）选择"文本"工具，在适当的位置分别输入需要的文字，选择"选择"工具，在属性栏中分别选取适当的字体并设置文字大小，填充文字为白色，效果如图9-74所示。茶艺海报制作完成，效果如图9-75所示。

图9-74

图9-75

（5）按Ctrl+S组合键，弹出"保存图形"对话框，将制作好的图像命名为"茶艺海报"，保存为CDR格式，单击"保存"按钮将图像保存。

9.2 课后习题——夏日派对海报设计

习题知识要点： 在Photoshop中，使用调整图层调整背景图片的颜色，使用混合模式、不透明度、蒙版和画笔工具制作图片的合成效果；在CorelDRAW中，使用文本工具和贝塞尔工具添加标题和相关信息，使用对象属性面板调整文字字距和行距，使用阴影工具为文字添加阴影。夏日派对海报设计效果如图9-76所示。

效果所在位置： Ch09/效果/夏日派对海报设计/夏日派对海报.cdr。

图9-76

第 *10* 章

杂志设计

本章介绍

　　杂志是比较专项的宣传媒介之一，它具有目标受众准确、实效性强、宣传力度大、效果明显等特点。时尚生活类杂志的设计可以轻松、活泼、色彩丰富。版式内的图文编排可以灵活多变，但要注意把握风格的整体性。本章以《时尚佳人》杂志为例，讲解杂志的设计方法和制作技巧。

学习目标

◆ 在Photoshop软件中制作杂志封面背景图。
◆ 在CorelDRAW软件中添加相关栏目和信息。

技能目标

◆ 掌握"杂志封面"的制作方法。
◆ 掌握"杂志栏目"的制作方法。
◆ 掌握"化妆品栏目"的制作方法。
◆ 掌握"旅游栏目"的制作方法。

10.1 杂志封面设计

案例学习目标： 在Photoshop中，学习使用调整图层和滤镜命令制作杂志封面底图。在CorelDRAW中，学习使用文本工具、对象属性面板和图形的绘制工具制作并添加相关栏目和信息。

案例知识要点： 在Photoshop中，使用滤镜制作光晕效果，使用曲线和照片滤镜调整层调整图片的颜色；在CorelDRAW中，根据杂志的尺寸，在属性栏中设置出页面的大小，使用文本工具和对象属性面板制作杂志名称和其他相关信息，使用矩形工具、椭圆形工具和透明度工具制作装饰图形，使用插入条形码命令插入条形码。杂志封面设计效果如图10-1所示。

效果所在位置： Ch10/效果/杂志封面设计/杂志封面.cdr。

图10-1

Photoshop 应用

10.1.1 调整背景底图

（1）打开Photoshop CS6软件，按Ctrl+N组合键，新建一个文件，宽度为20.5厘米，高度为27.5厘米，分辨率为150像素/英寸，颜色模式为RGB，背景内容为白色。

（2）按Ctrl+O组合键，打开本书学习资源中的"Ch10 > 素材 > 杂志封面设计 > 01"文件，选择"移动"工具，将图片拖曳到图像窗口中适当的位置，如图10-2所示。在"图层"控制面板中生成新的图层并将其命名为"人物"。

图10-2

（3）选择"滤镜 > 渲染 > 镜头光晕"命令，将光点拖曳到适当的位置，其他选项的设置如图10-3所示，单击"确定"按钮，效果如图10-4所示。

图10-3

图10-4

（4）单击"图层"控制面板下方的"创建新的填充或调整图层"按钮 ⊘，在弹出的菜单中选择"曲线"命令，在"图层"控制面板中生成"曲线1"图层，同时弹出相应的调整面板，单击添加调整点，将"输入"选项设为80，"输出"选项设为54，其他选项的设置如图10-5所示，按Enter键，效果如图10-6所示。

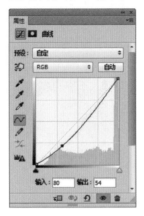

图10-5

图10-6

（5）单击"图层"控制面板下方的"创建新的填充或调整图层"按钮 ⊘，在弹出的菜单中选择"照片滤镜"命令，在"图层"控制面板中生成"照片滤镜1"图层，同时弹出相应的调整面板，选项的设置如图10-7所示，按Enter键，效果如图10-8所示。

（6）杂志封面底图制作完成。按Shift+Ctrl+E组合键，合并可见图层。按Ctrl+S组合键，弹出"存储为"对话框，将其命名为"杂志封面底图"，保存为JPEG格式，单击"保存"按钮，弹出"JPEG选项"对话框，单击"确定"按钮，将图像保存。

图10-7

图10-8

CoreIDRAW 应用

10.1.2　添加杂志名称

（1）打开CorelDRAW X7软件，按Ctrl+N组合键，新建一个页面。在属性栏的"页面度量"选项中分别设置宽度为205mm，高度为275mm，按Enter键，页面显示为设置的大小。

（2）按Ctrl+I组合键，弹出"导入"对话框，打开本书学习资源中的"Ch10 > 效果 > 杂志封面设计 > 杂志封面底图"文件，单击"导入"按钮，在页面中单击导入图片，如图10-9所示。按P键，图片居中对齐页面，效果如图10-10所示。

图10-9   图10-10

（3）选择"文本"工具，在页面上输入需要的文字，选择"选择"工具，在属性栏中选取适当的字体并设置文字大小，设置填充颜色的CMYK值为40、100、0、0，填充文字，效果如图10-11所示。

图10-11

（4）按Alt+Enter组合键，弹出"对象属性"泊坞窗，单击"段落"按钮，弹出相应的泊坞窗，选项的设置如图10-12所示，按Enter键，文字效果如图10-13所示。

图 10-12

图10-13

（5）选择"文本"工具，在页面上输入需要的文字，选择"选择"工具，在属性栏中选取适当的字体并设置文字大小，设置填充颜色的CMYK值为40、100、0、0，填充文字，效果如图10-14所示。在"对象属性"泊坞窗中，选项的设置如图10-15所示，按Enter键，文字效果如图10-16所示。

图10-14

图10-15

图10-16

（6）选择"文本"工具，在适当的位置输入需要的文字，选择"选择"工具，在属性栏中选取适当的字体并设置文字大小，效果如图10-17所示。

图10-17

10.1.3　添加出版信息

（1）选择"文本"工具 字，在适当的位置分别输入需要的文字，选择"选择"工具 ，在属性栏中分别选取适当的字体并设置文字大小，效果如图10-18所示。选择"文本"工具 字，选取需要的文字，在属性栏中设置适当的文字大小，效果如图10-19所示。

图10-18　　　　　　　　图10-19

（2）选择"选择"工具 ，选取需要的文字。在"对象属性"泊坞窗中，选项的设置如图10-20所示，按Enter键，文字效果如图10-21所示。选择"2点线"工具 ，按住Shift键的同时，在适当的位置绘制直线，效果如图10-22所示。

图10-20

图10-21　　　　　　　　图10-22

10.1.4　添加相关栏目

（1）选择"文本"工具 字，在适当的位置分别输入需要的文字，选择"选择"工具 ，在属性栏中分别选取适当的字体并设置文字大小，效果如图10-23所示。选取需要的文字，设置填充颜色的CMYK值为40、100、0、0，填充文字，效果如图10-24所示。

图10-23

图10-24

（2）保持文字的选取状态，在"对象属性"泊坞窗中，选项的设置如图10-25所示，按Enter键，文字效果如图10-26所示。

图10-25

图10-26

（3）选择"选择"工具 ，选取下方的文字。在"对象属性"泊坞窗中，选项的设置如图10-27所示，按Enter键，文字效果如图10-28所示。

（4）选择"椭圆形"工具 ，按住Ctrl键的同时，在适当的位置绘制圆形。设置填充颜色的CMYK值为0、20、100、0，填充图形，并去除图形的轮廓线，效果如图10-29所示。选择"透明度"工具，单击"均匀透明度"按钮，其他选项的设置如图10-30所示，按Enter键，效果如图10-31所示。

图10-27

图10-28

图10-29

图10-30

图10-31

（5）选择"文本"工具，在圆形上分别输入需要的文字，选择"选择"工具，在属性栏中分别选取适当的字体并设置文字大小，效果如

图10-32所示。将输入的文字同时选取，单击属性栏中的"文本对齐"按钮，在弹出的面板中选择"居中"，文字的对齐效果如图10-33所示。再次单击文字，使其处于旋转状态，拖曳鼠标将其旋转到适当的角度，效果如图10-34所示。

图10-32　　　　　　图10-33

图10-34

（6）选择"文本"工具，在适当的位置分别输入需要的文字，选择"选择"工具，在属性栏中分别选取适当的字体并设置文字大小，效果如图10-35所示。按住Shift键的同时，选取需要的文字，如图10-36所示。设置填充颜色的CMYK值为40、100、0、0，填充文字，效果如图10-37所示。

图10-35

图10-36　　　　　　图10-37

（7）选择"选择"工具，选取需要的文字。在"对象属性"泊坞窗中，选项的设置如图10-38所示，按Enter键，文字效果如图10-39所示。用相同的方法调整其他文字，效果如图10-40所示。

图10-38

图10-39

图10-40

（8）选择"椭圆形"工具◎，按住Ctrl键的同时，在适当的位置绘制圆形，填充图形为白色，并去除图形的轮廓线，效果如图10-41所示。选择"透明度"工具◐，单击"均匀透明度"按钮▣，其他选项的设置如图10-42所示，按Enter键，效果如图10-43所示。

图10-41

图10-42

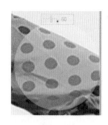

图10-43

（9）选择"椭圆形"工具◎，按住Ctrl键的同时，在适当的位置绘制圆形。在"对象属性"泊坞窗中，选项的设置如图10-44所示，按Enter键，图形效果如图10-45所示。

图10-44

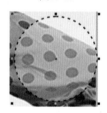

图10-45

（10）选择"文本"工具▽，在圆形上分别输入需要的文字，选择"选择"工具▷，在属性栏中分别选取适当的字体并设置文字大小。将输入的文字同时选取，单击属性栏中的"文本对齐"按钮▣，在弹出的面板中选择"居中"，文字的对齐效果如图10-46所示。

图10-46

（11）选择"选择"工具 ，选取需要的文字。在"对象属性"泊坞窗中，选项的设置如图10-47所示，按Enter键，文字效果如图10-48所示。

图10-47

图10-48

（12）选择"基本形状"工具 ，单击属性栏中的"完美形状"按钮 ，在弹出的面板中选择需要的基本图形，如图10-49所示，在适当的位置绘制心形，如图10-50所示。

图10-49

图10-50

（13）选择"选择"工具 ，选取心形，设置填充颜色的CMYK值为0、100、100、0，填充图形，并去除图形的轮廓线，效果如图10-51

所示。按数字键盘上的+键，复制图形，并拖曳到适当的位置，效果如图10-52所示。

图10-51　　　　图10-52

（14）选择"文本"工具 ，在适当的位置分别输入需要的文字，选择"选择"工具 ，在属性栏中分别选取适当的字体并设置文字大小，如图10-53所示。选取需要的文字，设置填充颜色的CMYK值为40、100、0、0，填充文字，效果如图10-54所示。

图10-53

图10-54

（15）保持文字的选取状态。在"对象属性"泊坞窗中，选项的设置如图10-55所示，按Enter键，文字效果如图10-56所示。

图10-55

图10-56

（16）用相同的方法分别调整其他文字，效果如图10-57所示。选择"矩形"工具⬜，绘制一个矩形，在属性栏的"转角半径"📐 🔘 框中设置数值为1mm，按Enter键。填充图形为白色，并去除图形的轮廓线，效果如图10-58所示。连续按Ctrl+PageDown组合键后移矩形，效果如图10-59所示。

图10-57

图10-58　　　　　　　图10-59

（17）选择"透明度"工具🅰，单击"均匀透明度"按钮🔲，其他选项的设置如图10-60所示，按Enter键，效果如图10-61所示。

图10-60

图10-61

（18）选择"选择"工具🔲，选取圆角矩形，按数字键盘上的+键，复制圆角矩形，并将其拖曳到适当的位置，效果如图10-62所示。拖曳右侧中间的控制手柄到适当的位置，效果如图10-63所示。用相同的方法制作其他圆角矩形，效果如图10-64所示。

图10-62

图10-63

图10-64

（19）选择"3点矩形"工具⬚，在适当的位置绘制矩形，填充为黑色，并去除图形的轮廓线，效果如图10-65所示。用相同的方法绘制另一个矩形，效果如图10-66所示。选择"选择"工具🔲，选取两个圆角矩形，按Ctrl+G组合键群组图形，如图10-67所示。连续按Ctrl+PageDown组合键后移矩形，效果如图10-68所示。

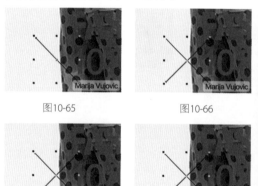

图10-65　　　　　　　图10-66

图10-67　　　　　　　图10-68

（20）选择"文本"工具🇫，在适当的位置分别输入需要的文字，选择"选择"工具🔲，在属性栏中分别选取适当的字体并设置文字大小，如图10-69所示。选取需要的文字，填充文字为白色，效果如图10-70所示。

图10-69　　　　　　　图10-70

（21）选取需要的文字，设置填充颜色的CMYK值为0、20、100、0，填充文字，效果如图

10-71所示。再次选取需要的文字，设置填充颜色的CMYK值为40、100、0、0，填充文字，效果如图10-72所示。

图10-71　　　　　　　　图10-72

（22）保持文字的选取状态，在"对象属性"泊坞窗中，选项的设置如图10-73所示，按Enter键，文字效果如图10-74所示。用相同的方法调整其他文字，效果如图10-75所示。

图10-73

图10-74　　　　　　　　图10-75

（23）选择"矩形"工具，绘制一个矩形，在属性栏的"转角半径"框中进行设置，如图10-76所示，按Enter键。填充图形为黑色，并去除图形的轮廓线，效果如图10-77所示。连续按Ctrl+PageDown组合键后移矩形，效果如图10-78所示。

图10-76

图10-77　　　　　　　　图10-78

（24）选择"透明度"工具，单击"均匀透明度"按钮，其他选项的设置如图10-79所示，按Enter键，效果如图10-80所示。用上述方法制作其他透明圆角矩形，效果如图10-81所示。

图10-79

图10-80

图10-81

（25）选择"星形"工具，在属性栏的"点数或边数"框中设置数值为5，"锐度"框中设置数值为40，在适当的位置绘制星形。设置填充颜色的CMYK值为0、100、100、0，填充图形，并去除图形的轮廓线，效果如图10-82所示。用上述方法添加页面右下角的文字，效果如图10-83所示。

图10-82　　　　　　　　图10-83

10.1.5　制作条形码

（1）选择"对象 > 插入条码"命令，弹出"条码向导"对话框，在各选项中按需要进行设置，如图10-84所示。设置好后，单击"下一步"按钮，在设置区内按需要进行设置，如图10-85所示。设置好后，单击"下一步"按钮，在设置区内按需要进行各项设置，如图10-86所示。设置好后，单击"完成"按钮，效果如图10-87所示。

图10-84

图10-85

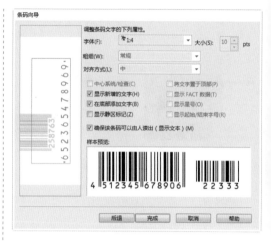

图10-86

图10-87

（2）选择"选择"工具 ，将条形码拖曳到适当的位置并调整其大小，效果如图10-88所示。杂志封面设计完成，效果如图10-89所示。

图10-88

图10-89

10.2 杂志栏目设计

案例学习目标： 学习在CorelDRAW中使用置入命令、文本工具、文本属性面板和文本绕图命令制作杂志栏目。

案例知识要点： 在CorelDRAW中，使用矩形工具绘制背景效果，使用文本工具和文本属性面板制作栏目内容，使用置入命令和图框精确剪裁命令添加主体图片，使用两点线工具绘制直线；使用文本换行命令制作文本绕图。杂志栏目设计效果如图10-90所示。

效果所在位置： Ch10/效果/杂志栏目设计/杂志栏目.cdr。

图10-90

CorelDRAW 应用

10.2.1 制作标题效果

（1）按Ctrl+N组合键，新建一个页面。在属性栏的"页面度量"选项中分别设置宽度为210mm，高度为285mm，按Enter键，页面尺寸显示为设置的大小。选择"矩形"工具，绘制一个与页面大小相等的矩形，设置图形颜色的CMYK值为10、10、0、0，填充图形，并去除图形的轮廓线，效果如图10-91所示。

（2）选择"文本"工具，在页面上适当的位置分别输入需要的文字，选择"选择"工具，在属性栏中分别选取适当的字体并设置文字大小，效果如图10-92所示。

图10-91   图10-92

（3）选择"选择"工具，选取需要的文字。按Ctrl+Enter组合键，弹出"文本属性"面板，单击"段落"按钮，弹出相应的泊坞窗，选项的设置如图10-93所示，按Enter键，文字效果如图10-94所示。

图 10-93

Dress for style

图10-94

（4）选择"选择"工具，选取需要的文字。在"文本属性"面板中，选项的设置如图10-95所示，按Enter键，文字效果如图10-96所示。

图10-95

图10-96

（5）选择"选择"工具，选取需要的文字。在"文本属性"面板中，选项的设置如图10-97所示，按Enter键，文字效果如图10-98所示。拖曳到适当的位置，效果如图10-99所示。

图10-97

图10-98

图10-99

10.2.2　添加主体图片

（1）按Ctrl+I组合键，弹出"导入"对话框，打开本书学习资源中的"Ch10 > 素材 > 杂志栏目设计 > 01"文件，单击"导入"按钮，在页面中单击导入图片，选择"选择"工具，将其

拖曳到适当的位置并调整其大小，效果如图10-100所示。选择"矩形"工具，绘制一个矩形，如图10-101所示。

图10-100　　　　图10-101

（2）选择"选择"工具，选取图片。选择"对象 > 图框精确剪裁 > 置于图文框内部"命令，鼠标光标变为黑色箭头在矩形上单击，如图10-102所示，将图片置入矩形中，去除图形的轮廓线，效果如图10-103所示。

图10-102　　　　图10-103

10.2.3　添加栏目信息

（1）选择"文本"工具，在页面上适当的位置分别输入需要的文字，选择"选择"工具，在属性栏中分别选取适当的字体并设置文字大小，效果如图10-104所示。

图10-104

（2）选取需要的文字，设置填充颜色的CMYK值为0、100、100、15，填充文字，效果如图10-105所示。

图10-105

（3）选择"选择"工具，选取需要的文字。在"文本属性"面板中，选项的设置如图10-106所示，按Enter键，文字效果如图10-107所示。选择"两点线"工具，按住Shift键的同时，在适当的位置绘制直线，如图10-108所示。

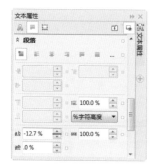

图10-106

图10-107

图10-108

（4）选择"选择"工具，选取需要的文字。在"文本属性"面板中，选项的设置如图10-109所示，按Enter键，文字效果如图10-110所示。

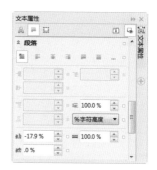

图10-109

图10-110

（5）选择"选择"工具，选取需要的文字。在"文本属性"面板中，选项的设置如图10-111所示，按Enter键，文字效果如图10-112所示。

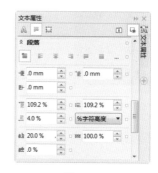

图10-111

图10-112

（6）选择"选择"工具，选取需要的文字。在"文本属性"面板中，选项的设置如图10-113所示，按Enter键，文字效果如图10-114所示。

图10-113

图10-114

（7）选择"两点线"工具 ✎，按住Shift键的同时，在适当的位置绘制直线。在属性栏的"轮廓宽度" ⬚ 2mm ▾ 框中设置数值为2mm，按Enter键，效果如图10-115所示。

图10-115

10.2.4 添加其他栏目信息

（1）选择"文本"工具 ✍，在页面上适当的位置分别输入需要的文字，选择"选择"工具 ▸，在属性栏中分别选取适当的字体并设置文字大小，效果如图10-116所示。

图10-116

（2）选择"选择"工具 ▸，选取需要的文字。在"文本属性"面板中，选项的设置如图10-117所示，按Enter键，文字效果如图10-118所示。

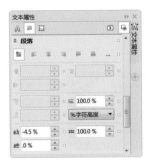

图10-117

图10-118

（3）选择"椭圆形"工具 ○，按住Shift键的同时，绘制一个圆形。设置轮廓线颜色的CMYK值为0、100、100、15，填充轮廓线，如图10-119所示。在属性栏的"轮廓宽度" ⬚ 2mm ▾ 框中设置数值为0.5mm，按Enter键，效果如图10-120所示。

图10-119   图10-120

（4）选择"选择"工具 ▸，选取需要的文字。在"文本属性"面板中，选项的设置如图10-121所示，按Enter键，文字效果如图10-122所示。

图10-121

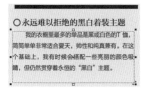

图10-122

（5）选择"矩形"工具 □，绘制一个矩形。设置图形颜色的CMYK值为10、10、0、0，填充图形，并去除图形的轮廓线，效果如图10-123所示。用上述方法添加其他文字，效果如图10-124所示。

图10-123　　　　图10-124

10.2.5　制作文本绕图效果

（1）按Ctrl+I组合键，弹出"导入"对话框，打开本书学习资源中的"Ch10 > 素材 > 杂志栏目设计 > 02、03、04"文件，单击"导入"按钮，在页面中分别单击导入图片，选择"选择"工具 ▣，分别将其拖曳到适当的位置并调整其大小，效果如图10-125所示。

图10-125

（2）选取需要的图片，单击属性栏中的"文本换行"按钮 ▣，在弹出的面板中选择需要的选项，如图10-126所示，效果如图10-127所示。

图10-126　　　　图10-127

（3）选取需要的图片，单击属性栏中的"文本换行"按钮 ▣，在弹出的面板中选择需要的选项，如图10-128所示，效果如图10-129所示。杂志栏目设计完成，效果如图10-130所示。

图10-128

图10-129　　　　图10-130

10.3 化妆品栏目设计

案例学习目标：学习在CorelDRAW中使用置入命令、文本工具、文本属性面板和交互式工具制作化妆品栏目。

案例知识要点：在CorelDRAW中，使用矩形工具和图框精确剪裁命令制作主体图片，使用阴影命令为图片添加阴影效果，使用椭圆形工具、复制命令和混合工具制作小标签，使用文字工具和文本属性面板制作添加栏目内容，使用矩形工具和贝塞尔工具绘制其他图形。化妆品栏目设计效果如图10-131所示。

效果所在位置：Ch10/效果/化妆品栏目设计/化妆品栏目.cdr。

Dress for style
Tips

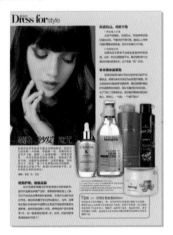

图10-131

CorelDRAW 应用

10.3.1 置入并编辑图片

（1）按Ctrl+O组合键，弹出“打开图形”对话框，选择本书学习资源中的“Ch10 > 效果 > 杂志栏目设计 > 杂志栏目”文件，单击“打开”按钮，打开文件。选择“选择”工具，选取需要的图形和文字，如图10-132所示。按Ctrl+C组合键，复制图形。

Dress for style
安琪拉
用光补充正能量

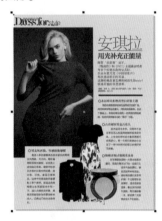

图10-132

（2）按Ctrl+N组合键，新建一个页面。在属性栏的“页面度量”选项中分别设置宽度为210mm，高度为285mm，按Enter键，页面尺寸显示为设置的大小。按Ctrl+V组合键，粘贴图形，效果如图10-133所示。选择“文本”工具，选取要修改的文字进行修改，效果如图10-134所示。

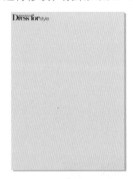

Dress for style

图10-133

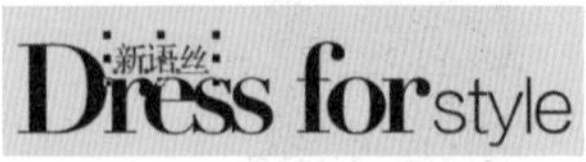
新语丝
Dress for style

图10-134

（3）按Ctrl+I组合键，弹出“导入”对话框，选择本书学习资源中的“Ch10 > 素材 > 化妆品栏目设计 > 01”文件，单击“导入”按钮，在页面中单击导入图片，选择"选择"工具 ，将其拖曳到适当的位置并调整其大小，效果如图10-135所示。选择"矩形"工具 ，绘制一个矩形，如图10-136所示。

图10-135　　　　　　　图10-136

（4）选择"选择"工具 ，选取图片。选择"对象 > 图框精确剪裁 > 置于图文框内部"命令，鼠标光标变为黑色箭头在矩形上单击，如图10-137所示，将图片置入矩形中，去除图形的轮廓线，效果如图10-138所示。

图10-137　　　　　　　图10-138

（5）按Ctrl+I组合键，弹出"导入"对话框，打开本书学习资源中的"Ch10 > 素材 > 化妆品栏目设计 > 02、03、04、05、06"文件，单击"导入"按钮，在页面中单击导入图片，选择"选择"工具 ，将其拖曳到适当的位置并调整其大小，效果如图10-139所示。

（6）选取需要的图片。选择"阴影"工具 ，在图片上由上至下拖曳光标，为图片添加阴影效果。其他选项的设置如图10-140所示，按Enter键，效果如图10-141所示。用相同的

方法为其他图片添加阴影效果，如图10-142所示。

图10-139

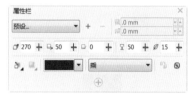

图10-140

图10-141　　　　　　　图10-142

10.3.2　添加小标签

（1）选择"椭圆形"工具 ，按住Ctrl键的同时，绘制一个圆形。设置图形颜色的CMYK值为0、100、100、0，填充图形，并去除图形的轮廓线，效果如图10-143所示。选择"选择"工具 ，按数字键盘上的+键，复制圆形。按住Shift键的同时，向内拖曳控制手柄，等比例缩小图形。设置图形颜色的CMYK值为0、0、100、0，填充图形，效果如图10-144所示。

图10-143

图10-144

（2）选择"调和"工具，在两个圆形之间拖曳鼠标制作调和效果，属性栏中的设置如图10-145所示，按Enter键，效果如图10-146所示。

图10-145

图10-146

（3）选择"文本"工具，在页面上适当的位置输入需要的文字，选择"选择"工具，在属性栏中选取适当的字体并设置文字大小，效果如图10-147所示。用相同的方法制作其他标签，效果如图10-148所示。

图10-147

图10-148

10.3.3 添加其他信息

（1）选择"文本"工具，在页面上适当的位置分别输入需要的文字，选择"选择"工具，在属性栏中分别选取适当的字体并设置文字大小。选取适当的位置，填充为白色，效果如图10-149所示。选择"文本"工具，选取需要的文字，填充为黑色，效果如图10-150所示。

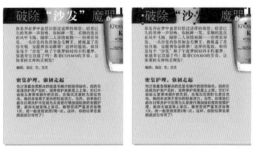
图10-149   图10-150

（2）保持文字的选取状态，在"文本属性"面板中，选项的设置如图10-151所示，按Enter键，文字效果如图10-152所示。

图10-151

图10-152

（3）选择"选择"工具，选取需要的文字，如图10-153所示。在"文本属性"面板中，选项的设置如图10-154所示，按Enter键，文字效果如图10-155所示。

图10-153

图10-154

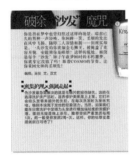

图10-155

（4）选择"选择"工具，选取需要的文字。选择"轮廓图"工具，向左侧拖曳光标，为图形添加轮廓化效果。在属性栏中将"填充色"选项颜色的CMYK值设为0、60、100、0，其他选项的设置如图10-156所示，按Enter键，效果如图10-157所示。

图10-156

图10-157

（5）选择"选择"工具，选取需要的文字。在"文本属性"面板中，选项的设置如图10-158所示，按Enter键，文字效果如图10-159所示。用相同的方法制作右上方和右下方的文字效果，如图10-160和图10-161所示。

图10-158

图10-159

图10-160　　　　　　图10-161

10.3.4 绘制其他装饰图形

（1）选择"贝塞尔"工具 ，在适当的位置绘制需要的图形，设置图形填充颜色的CMYK值为0、40、20、0，填充图形，并去除图形的轮廓线，效果如图10-162所示。选择"矩形"工具 ，在适当的位置绘制一个矩形。

图10-162

（2）设置图形颜色的CMYK值为0、60、100、0，填充图形，并去除图形的轮廓线。在属性栏的"转角半径" 框中设置数值为3mm，"轮廓宽度" 框中设置数值为0.75mm，如图10-163所示，按Enter键，效果如图10-164所示。

图10-163

图10-164

（3）选择"选择"工具 ，选取圆角矩形，连续按Ctrl+PageDown组合键后移到适当的位置，效果如图10-165所示。化妆品栏目设计制作完成，效果如图10-166所示。

图10-165

图10-166

10.4 课后习题——旅游栏目设计

习题知识要点：在CorelDRAW中，使用基本形状工具和形状工具绘制需要的形状，使用矩形工具、椭圆形工具、置入命令和图框精确剪裁命令编辑置入的图片，使用贝塞尔工具和轮廓笔工具绘制装饰线条，使用文字工具和文本属性面板制作标题和内容文字。旅游栏目设计效果如图10-167所示。

效果所在位置：Ch10/效果/旅游栏目设计/旅游栏目.cdr。

图10-167

第 *11* 章

包装设计

本章介绍

　　包装代表着一个商品的品牌形象。好的包装可以让商品在同类产品中脱颖而出，吸引消费者的注意力并引发其购买行为。包装可以起到保护、美化商品及传达商品信息的作用。好的包装更可以极大地提高商品的价值。本章以薯片包装设计为例，讲解包装的设计方法和制作技巧。

学习目标

◆ 在Photoshop软件中制作包装立体效果图。
◆ 在CorelDRAW软件中制作包装平面展开图。

技能目标

◆ 掌握"薯片包装"的制作方法。
◆ 掌握"糖果包装"的制作方法。

案例学习目标：在Photoshop中，学习使用钢笔工具和画笔工具制作包装立体效果；在CorelDRAW中，学习使用绘图工具、文本工具和对象属性面板添加包装内容及相关信息。

案例知识要点：在CorelDRAW中，使用矩形工具、形状工具和图框精确剪裁命令制作背景底图，使用文本工具和对象属性面板添加包装的相关信息，使用艺术笔工具添加装饰笔触，使用导入命令导入需要的图片，使用椭圆形工具、对象属性面板、星形工具和贝塞尔工具制作标牌；在Photoshop中，使用图案填充工具填充背景底图，使用钢笔工具、画笔工具和模糊滤镜制作立体效果；薯片包装设计效果如图11-1所示。

效果所在位置：Ch11/效果/薯片包装设计/薯片包装立体效果.psd。

图11-1

CorelDRAW 应用

11.1.1 制作背景底图

（1）打开CorelDRAW X7软件，按Ctrl+N组合键，新建一个页面，如图11-2所示。选择"矩形"工具，在适当的位置绘制矩形，设置图形颜色的CMYK值为75、20、0、0，填充图形，并去除图形的轮廓线，效果如图11-3所示。

图11-2　　　　图11-3

（2）选择"矩形"工具，在适当的位置绘制矩形，如图11-4所示。按Ctrl+Q组合键，将矩形转化为曲线。选择"形状"工具，向上拖曳右下角的节点到适当的位置，效果如图11-5所示。

图11-4　　　　图11-5

（3）选择"选择"工具，选取图形，填充为白色，并去除图形的轮廓线，效果如图11-6所示。选择"对象 > 图框精确剪裁 > 置于图文框内部"命令，鼠标光标变为黑色箭头形状，在背景图形上单击鼠标，将图形置入背景图形中，效果如图11-7所示。

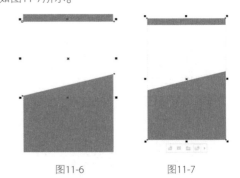

图11-6　　　　图11-7

11.1.2 制作主体文字

（1）选择"文本"工具，在页面上输入需要的文字，选择"选择"工具，在属性栏中选取适当的字体并设置文字大小，效果如图11-8所示。按Alt+Enter组合键，弹出"对象属性"泊坞窗，单击"段落"按钮，弹出相应的泊坞窗，选项的设置如图11-9所示，按Enter键，文字效果如图11-10所示。

图11-8

图11-9

图11-10

（2）按Ctrl+I组合键，弹出"导入"对话框，打开本书学习资源中的"Ch11 > 素材 > 薯片包装设计 > 01"文件，单击"导入"按钮，在页面中单击导入图片，选择"选择"工具，将其拖曳到适当的位置并调整其大小，效果如图11-11所示。再次单击图片，使其处于旋转状态，旋转到适当的角度，效果如图11-12所示。

（3）选择"选择"工具，选取文字，按数字键盘上的+键，复制文字，并将其拖曳到适当的位置，效果如图11-13所示。单击属性栏中的"水平镜像"按钮和"垂直镜像"按钮，翻转文字，效果如图11-14所示。

图11-11

图11-12

图11-13

图11-14

（4）选择"矩形"工具，在适当的位置绘制矩形，填充图形为黑色，并去除图形的轮廓线，效果如图11-15所示。选择"选择"工具，选取矩形，再次单击矩形，使其处于选取状态，向右拖曳上方中间的控制手柄到适当的位置，效果如图11-16所示。

图11-15

图11-16

（5）选择"艺术笔"工具，单击属性栏中的"笔刷"按钮，在"类别"选项中选择"底纹"，在"笔刷笔触"选项的下拉列表中选择需要的图样，其他选项的设置如图11-17所示，按Enter键。在页面中从右向左拖曳光标，效果如图11-18所示。

图11-17

图11-18

（6）选择"艺术笔"工具，单击属性栏中的"笔刷"按钮，在"类别"选项中选择"底纹"，在"笔刷笔触"选项的下拉列表中选择需要的图样，其他选项的设置如图11-19所示，按Enter键。在页面中从右向左拖曳光标，效果如图11-20所示。

（7）选择"选择"工具，选取需要的图形，将其拖曳到适当的位置，效果如图11-21所示。用相同的方法将另一个图形拖曳到适当的位置，效果如图11-22所示。

图11-19

图11-20

图11-21   图11-22

（8）选择"文本"工具，在适当的位置输入需要的文字，选择"选择"工具，在属性栏中选取适当的字体并设置文字大小，填充为白色，效果如图11-23所示。在属性栏的"旋转角度"框中设置数值为358°，按Enter键，效果如图11-24所示。

WHOLESOM   WHOLESOM

图11-23    图11-24

（9）保持文字的选取状态。在"对象属性"泊坞窗中，选项的设置如图11-25所示，按Enter键，文字效果如图11-26所示。选择"选择"工具，用圈选的方法将需要的图形和文字同时选取，按Ctrl+G组合键，群组图形。再次单击图形，使其处于旋转状态，拖曳鼠标将其旋转到适当的角度，效果如图11-27所示。

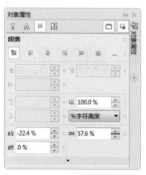

图11-25

图11-26   图11-27

（10）选择"文本"工具 ，在适当的位置分别输入需要的文字，选择"选择"工具 ，在属性栏中分别选取适当的字体并设置文字大小，效果如图11-28所示。

（11）选择"选择"工具 ，选取需要的文字，填充为白色，效果如图11-29所示。用圈选的方法将需要的图形和文字同时选取，再次单击图形，使其处于旋转状态，旋转到适当的角度，效果如图11-30所示。

图11-28   图11-29

图11-30

11.1.3 制作标牌

（1）选择"椭圆形"工具 ，按住Ctrl键的同时，绘制圆形，如图11-31所示。填充为白色，并设置轮廓线颜色的CMYK值为0、40、100、0，填充图形的轮廓线。在属性栏的"轮廓宽度" 2 mm 框中设置数值为2mm，效果如图11-32所示。

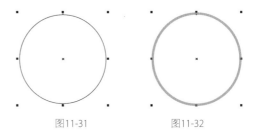

图11-31   图11-32

（2）选择"选择"工具 ，选取圆形。按数字键盘上的+键，复制圆形。按住Alt+Shift组合键的同时，向内拖曳控制手柄，等比例缩小圆形。设置填充颜色的CMYK值为0、40、100、0，填充图形，并去除图形的轮廓线，效果如图11-33所示。

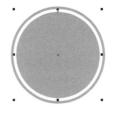

图11-33

（3）选择"选择"工具 ，选取圆形。按数字键盘上的+键，复制圆形。按住Alt+Shift组合键的同时，向内拖曳控制手柄，等比例缩小圆形。设置轮廓线颜色为白色，并去除图形填充色。保持图形的选取状态。在"对象属性"泊坞窗中，选项的设置如图11-34所示，按Enter键，图形效果如图11-35所示。

（4）选择"文本"工具 ，在适当的位置分别输入需要的文字，选择"选择"工具 ，在属性栏中分别选取适当的字体并设置文字大小，填充为白色，效果如图11-36所示。按住Shift键的同时，将文字同时选取。在"对象属性"泊坞窗中，选项的设置如图11-37所示，按Enter键，文字效果如图11-38所示。

图11-34 　　　　　 图11-35

图11-36

图11-37

图11-38

（5）选择"选择"工具，选取需要的文字。选择"轮廓图"工具，在属性栏中的设置如图11-39所示，按Enter键，效果如图11-40所示。用相同的方法为另一个文字添加轮廓图，效果如图11-41所示。

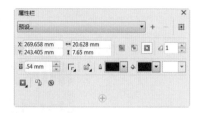

图11-39

图11-40 　　　　　 图11-41

（6）选择"星形"工具，在属性栏的"点数或边数"框中设置数值为5，"锐度"框中设置数值为39，在适当的位置绘制星形。设置填充颜色的CMYK值为0、100、100、20，填充图形，并去除图形的轮廓线，效果如图11-42所示。

图11-42

（7）选择"选择"工具，选取星形，按住Shift键的同时，将其拖曳到适当的位置并单击鼠标右键，复制星形，调整其大小，效果如图11-43所示。

图11-43

（8）用相同的方法复制星形并调整其大小，效果如图11-44所示。选择"选择"工具，用圈选的方法选取需要的星形。按住Shift键的同时，将其拖曳到适当的位置并单击鼠标右键，复制星形，效果如图11-45所示。

图11-44　　　　　　　图11-45

（9）选择"贝塞尔"工具，在适当的位置绘制图形，如图11-46所示。设置填充颜色的CMYK值为0、100、100、20，填充图形，并去除图形的轮廓线，效果如图11-47所示。

图11-46　　　　　　　图11-47

（10）再次绘制图形，设置填充颜色的CMYK值为0、100、100、40，填充图形，并去除图形的轮廓线，效果如图11-48所示。按Ctrl+PageDown组合键后移图形，效果如图11-49所示。

图11-48　　　　　　　图11-49

（11）选择"选择"工具，选取需要的图形，将其拖曳到适当的位置并单击鼠标右键，复制图形，效果如图11-50所示。单击属性栏中的"水平镜像"按钮，水平翻转图形，效果如图11-51所示。

（12）选择"贝塞尔"工具，绘制一条曲线，如图11-52所示。选择"文本"工具，在曲线上单击插入光标，如图11-53所示。在属性栏中的设置如图11-54所示，按Enter键，效果如图11-55所示。

图11-50　　　　　　　图11-51

图11-52　　　　　　　图11-53

图11-54

图 11-55

（13）选择"形状"工具，选取曲线，如图11-56所示。设置轮廓线颜色为无，效果如图11-57所示。选择"选择"工具，用圈选的方法选取需要的图形，拖曳到适当的位置，效果如图11-58所示。

图11-56　　　　　　　图11-57

图11-58

11.1.4　添加其他信息

（1）选择"文本"工具，在页面上输入需要的文字，选择"选择"工具，在属性栏中选取适当的字体并设置文字大小。设置填充颜色的CMYK值为75、20、0、0，填充文字，效果如图11-59所示。在"对象属性"泊坞窗中，选项的设置如图11-60所示，按Enter键，文字效果如图11-61所示。

图11-59

图11-60

图11-61

（2）保持文字的选取状态，在属性栏的"旋转角度"框中设置数值为90度，旋转文字，并将其拖曳到适当的位置，效果如图11-62所示。用相同的方法制作下方的文字，并填充为白色，效果如图11-63所示。

 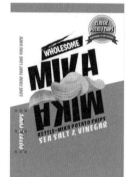

图11-62　　　　　　　图11-63

（3）选择"矩形"工具，绘制一个矩形，在属性栏的"圆角半径"框中设置数值为5mm，按Enter键。填充图形为黑色，并去除图形的轮廓线，效果如图11-64所示。

图11-64

（4）选择"椭圆形"工具，在适当的位置绘制椭圆形，填充为白色，并去除图形的轮廓线，效果如图11-65所示。选择"文本"工具，在适当的位置分别输入需要的文字，选择"选择"工

具 ，在属性栏中分别选取适当的字体并设置文字大小，分别填充为白色和黑色，效果如图11-66所示。

图11-65 图11-66

（5）选择"选择"工具 ，按住Shift键的同时，将需要的文字同时选取。在"对象属性"泊坞窗中，选项的设置如图11-67所示，按Enter键，文字效果如图11-68所示。

图11-67

图11-68

（6）选择"选择"工具 ，用圈选的方法将需要的图形和文字同时选取，拖曳到适当的位置，效果如图11-69所示。选择"文本"工具 ，在适当的位置分别输入需要的文字，选择"选择"工具 ，在属性栏中分别选取适当的字体并设置文字大小，效果如图11-70所示。

图11-69 图11-70

（7）选择"选择"工具 ，按住Shift键的同时，选取需要的文字。在"对象属性"泊坞窗中，选项的设置如图11-71所示，按Enter键，文字效果如图11-72所示。

图11-71

图11-72

（8）按Ctrl+I组合键，弹出"导入"对话框，打开本书学习资源中的"Ch11 > 素材 > 薯片包装设计 > 02"文件，单击"导入"按钮，在页面中单击导入图片，选择"选择"工具 ，将其拖曳到适当的位置并调整大小，效果如图11-73所示。

图11-73

（9）选择"文本"工具 ，在适当的位置输入需要的文字，选择"选择"工具 ，在属性栏中分别选取适当的字体并设置文字大小，效果如图11-74所示。薯片包装平面图制作完成，效果如图11-75所示。选择"文件 > 导出"命令，弹出"导出"对话框，将文件名设置为"薯片包装平面图"，保存图像为"JPG"格式。

图11-74

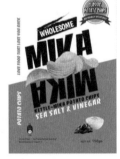

图11-75

Photoshop 应用

11.1.5　制作包装底图

（1）打开Photoshop CS6软件，按Ctrl+N组合键，新建一个文件，宽度为20厘米，高度为28厘米，分辨率为150像素/英寸，色彩模式为RGB，背景内容为白色。选择"油漆桶"工具 ，在属性栏中设置为"图案"填充，单击"图案"选项右侧的按钮 ，在弹出的面板中单击右上角的 按钮，在弹出的菜单中选择"彩色纸"命令，弹出提示对话框，单击"追加"按钮。在面板中选择需要的图案，如图11-76所示。在图像窗口中单击鼠标填充图案，效果如图11-77所示。

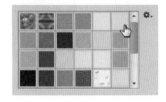

图11-76

图11-77

（2）新建图层并将其命名为"包装外形"。将前景色设为黑色。选择"钢笔"工具 ，在属性栏的"选择工具模式"选项中选择"路径"，在图像窗口中绘制路径，如图11-78所示。按Ctrl+Enter组合键，将路径转化为选区，如图11-79所示。按Alt+Delete组合键，用前景色填充选区，取消选区后，效果如图11-80所示。

图11-78

图11-79

图11-80

（3）打开本书学习资源中的"Ch11 > 效果 > 薯片包装设计 > 薯片包装平面图.jpg"文件，选择"移动"工具 ，将图像拖曳到正在编辑的图像窗口中，并调整其大小，效果如图11-81所示，在"图层"控制面板生成新的图层并将其设为"薯片包装平面图"。按Ctrl+Alt+G组合键创建剪贴蒙版，效果如图11-82所示。

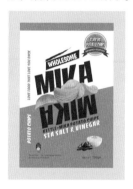

图11-81　　　　　　　图11-82

11.1.6　添加阴影和高光

（1）新建图层并将其命名为"褶皱1"。将前景色设为灰色（其R、G、B的值分别为237、237、237）。选择"钢笔"工具 ，在图像窗口中绘制路径，如图11-83所示。按Ctrl+Enter组合键，将路径转化为选区。按Alt+Delete组合键，用前景色填充选区，取消选区后，效果如图11-84所示。

（2）选择"滤镜 > 模糊 > 高斯模糊"命令，在弹出的对话框中进行设置，如图11-85所示，单击"确定"按钮，效果如图11-86所示。按Ctrl+Alt+G组合键，创建剪贴蒙版，效果如图11-87所示。用相同的方法制作其他褶皱效果，如图11-88所示。

图11-83　　　　　　　图11-84

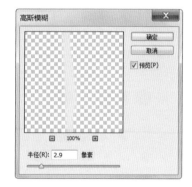

图11-85

图11-86　　　　　　　图11-87

（3）新建图层并将其命名为"暗部"。将前景色设为黑色。选择"画笔"工具 ，单击"画笔"选项右侧的按钮 ，在弹出的面板中选择需要的画笔形状，并设置适当的画笔大小，如图11-89所示。在属性栏中将"不透明度"选项设为24%，"流量"选项均设为9%，在图像窗口中绘制需要的图像，效果如图11-90所示。按Ctrl+Alt+G组合键，创建剪贴蒙版，效果如图11-91所示。

图11-88

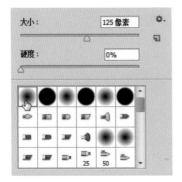

图11-89

图11-90　　　　　　　图11-91

（4）新建图层并将其命名为"亮部"。将前景色设为白色。选择"画笔"工具，在图像窗口中绘制需要的图像，效果如图11-92所示。按Ctrl+Alt+G组合键，创建剪贴蒙版，效果如图11-93所示。

图11-92　　　　　　　图11-93

（5）单击"图层"控制面板下方的"创建新的填充或调整图层"按钮，在弹出的菜单中选择"色阶"命令，在"图层"控制面板中生成"色阶1"图层，同时弹出相应的调整面板，选项的设置如图11-94所示，按Enter键，效果如图11-95所示。薯片包装制作完成。

图11-94

图11-95

11.2 ▶ 课后习题——糖果包装设计

习题知识要点：在CorelDRAW中，使用矩形工具、形状工具、造形命令和贝塞尔工具绘制包装平面图，使用贝塞尔工具和导入命令制作装饰图形和图片，使用文本工具添加产品信息；在Photoshop中，使用选框工具和变换命令制作立体效果，使用钢笔工具绘制包装提手。糖果包装设计效果如图11-96所示。

效果所在位置：Ch11/效果/糖果包装设计/糖果包装立体效果.psd。

图11-96

第 *12* 章

网页设计

本章介绍

　　网页是构成网站的基本元素，是承载各种网站应用的平台。它实际上是一个文件，存放在世界某个角落的某一台计算机中，而这台计算机必须是与互联网连接的。网页通过网址（URL）来识别与存取，当输入网址后，浏览器运行一段复杂而又快速的程序，将网页文件传送到用户的计算机中，并解释网页的内容，最后展示到用户的眼前。本章以家庭厨卫网页设计为例，讲解网页的设计方法和制作技巧。

学习目标

◆ 在Photoshop软件中制作网页。

技能目标

◆ 掌握"家庭厨卫网页"的制作方法。
◆ 掌握"慕斯网页"的制作方法。

12.1 家庭厨卫网页设计

案例学习目标： 在Photoshop中，学习使用绘图工具、选框工具、渐变工具和文字工具制作家庭厨卫网页。

案例知识要点： 在Photoshop中，使用矩形选框工具、渐变工具和横排文字工具制作导航条，使用直线工具、矩形工具和自定形状工具添加装饰图形，使用图层样式命令添加投影效果。家庭厨卫网页设计效果如图12-1所示。

效果所在位置： Ch12/效果/家庭厨卫网页设计/家庭厨卫网页.psd。

图12-1

Photoshop 应用

12.1.1 制作导航条

（1）按Ctrl＋N组合键，新建一个文件，宽度为58.46cm，高度为57.61cm，分辨率为72像素/英寸，颜色模式为RGB，背景内容为白色，单击"确定"按钮。

（2）新建图层组并将其命名为"头部"，新建图层并将其命名为"导航条"，如图12-2所示。选择"矩形选框"工具，绘制一个矩形选框，如图12-3所示。

图12-2

图12-3

（3）选择"渐变"工具，单击属性栏中的"点按可编辑渐变"按钮，弹出"渐变编辑器"对话框，将渐变色设为从深蓝色（其R、G、B的值分别为0、140、189）到浅蓝色（其R、G、B的值分别为0、167、220），如图12-4所示，单击"确定"按钮，在图像窗口中从上向下拖曳光标，效果如图12-5所示。按Ctrl+D组合键，取消选区。

图12-4

图12-5

（4）选择"移动"工具 ⊞，按住Alt+Shift组合键的同时，水平向右拖曳图形到适当的位置，复制图形，效果如图12-6所示。用相同方法复制其他图形，效果如图12-7所示。

图12-6

图12-7

（5）将前景色设为白色。选择"横排文字"工具 T，在适当的位置输入需要的文字并选取文字，在属性栏中选择合适的字体并设置大小，效果如图12-8所示，在"图层"控制面板中生成新的文字图层。用相同的方法添加其他文字，效果如图12-9所示。

图12-8

图12-9

（6）按Ctrl+O组合键，打开本书学习资源中的"Ch12 > 素材 > 家庭厨卫网页设计 > 01"文件。选择"移动"工具 ⊞，将01图片拖曳到图像窗口中的适当位置并调整其大小，效果如图12-10所示，在"图层"控制面板中生成新的图层并将其命名为"标志"。

图12-10

（7）将前景色设为灰色（其R、G、B的值分别为118、118、118）。选择"横排文字"工具 T，在适当的位置输入需要的文字并选取文字，在属性栏中选择合适的字体并设置大小，效果如

图12-11所示，在"图层"控制面板中生成新的文字图层。

图12-11

（8）选择"横排文字"工具 T，选取需要的文字，设置文字颜色为蓝色（其R、G、B的值分别为0、148、198），填充文字，并在属性栏中设置适当的字体，效果如图12-12所示。

图12-12

（9）新建图层并将其命名为"横线"。将前景色设为灰色（其R、G、B的值分别为206、206、206）。选择"直线"工具 ⊿，在属性栏的"选择工具模式"选项中选择"像素"选项，将"粗细"选项设为1像素，在适当的位置绘制直线，效果如图12-13所示。

图12-13

（10）将前景色设为蓝色（其R、G、B的值分别为0、148、198）。选择"横排文字"工具 T，在适当的位置输入需要的文字并选取文字，在属性栏中选择合适的字体并设置文字大小，效果如图12-14所示，在"图层"控制面板中生成新的文字图层。用相同的方法添加其他文字，效果如图12-15所示。

图12-14

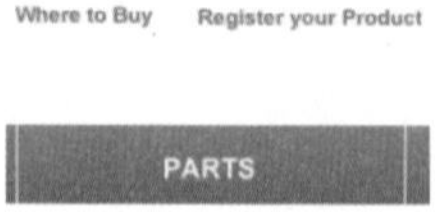

图12-15

（11）选择“矩形”工具▣，在属性栏的“选择工具模式”选项中选择“形状”选项，将“填充”颜色设为无，“描边”颜色设为灰色（其R、G、B的值分别为206、206、206），“描边宽度”设为1像素，在图像窗口中拖曳鼠标绘制一个矩形，效果如图12-16所示，在“图层”控制面板中生成新的形状图层并将其命名为“矩形1”。

SUPPORT

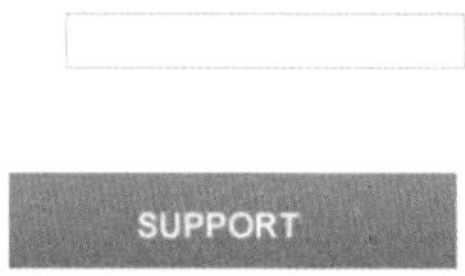

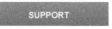

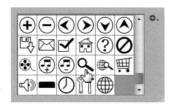

图12-16

（12）新建图层并将其命名为“图标”。将前景色设为蓝色（其R、G、B的值分别为36、144、208）。选择“自定形状”工具，单击属性栏中的“形状”选项，弹出“形状”面板，单击右上角的按钮，在弹出的菜单中选择“全部”命令，弹出提示对话框，单击“确定”按钮。在面板中选中需要的图形，如图12-17所示。在属性栏的“选择工具模式”选项中选择“像素”选项，在图像窗口中绘制一个图形，效果如图12-18所示。

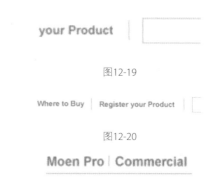

图12-17

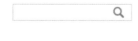

SUPPORT

图12-18

（13）新建图层并将其命名为“小竖线”。将前景色设为灰色（其R、G、B的值分别为206、206、206）。选择“直线”工具，在属性栏的“选择工具模式”选项中选择“像素”选项，将“粗细”选项设为1像素，在适当的位置绘制直线，效果如图12-19所示。选择“移动”工具，按住Alt键的同时，拖曳图形到适当的位置，复制图形，效果如图12-20所示。用相同的方法复制其他直线，效果如图12-21所示。单击“头部”图层组前的▼按钮，隐藏“头部”图层组内的图层。

your Product

图12-19

Where to Buy
Register your Product

图12-20

Moen Pro
Commercial

图12-21

12.1.2　制作焦点广告

（1）新建图层组并将其命名为“焦点广告”，拖曳至“头部”图层组的下方，如图12-22所示。按Ctrl+O组合键，打开本书学习资源中的“Ch12 > 素材 > 家庭厨卫网页设计 > 02”文件。选择“移动”工具，将图片拖曳到图像窗口中的适当位置并调整其大小，效果如图12-23所示。在“图层”控制面板中生成新的图层并将其命名为“图片”，拖曳到“焦点广告”图层组内，如图12-24所示。

图层
类型
穿透
不透明度: 100%
锁定:
填充: 100%
头部
焦点广告
背景

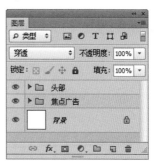

图12-22

图12-23

图12-24

（2）选择"矩形"工具 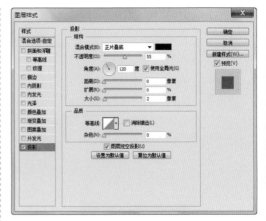 ，在属性栏的"选择工具模式"选项中选择"形状"选项，将"填充"选项设为白色，"描边"选项设为黑色，"描边宽度"选项设为1像素，在图像窗口中拖曳鼠标绘制一个矩形，效果如图12-25所示。在"图层"控制面板中生成新的形状图层并将其命名为"矩形2"，在控制面板上方将"不透明度"选项设为90%，图像效果如图12-26所示。

图12-27

图12-28

图12-25

图12-26

（3）单击"图层"控制面板下方的"添加图层样式"按钮 fx，在弹出的菜单中选择"投影"命令，弹出对话框，将阴影颜色设为黑色，其他选项的设置如图12-27所示，单击"确定"按钮，效果如图12-28所示。

（4）将前景色设为蓝色（其R、G、B的值分别为21、169、225）。选择"横排文字"工具 T ，在适当的位置输入需要的文字并选取文字，在属性栏中选择合适的字体并设置大小，效果如图12-29所示，在"图层"控制面板中生成新的文字图层。用相同的方法添加其他文字，并设置适当的字体和颜色，效果如图12-30所示。

图12-29

图12-30

（5）选择"圆角矩形"工具 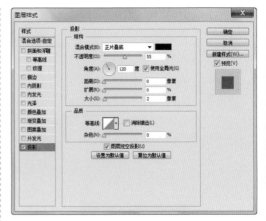 ，在属性栏中将"填充"选项设为绿色（其R、G、B值为58、181、100），"描边"选项设为黑色，"描边宽度"选项设为0.1像素，在图像窗口中拖曳鼠

标绘制一个圆角矩形，效果如图12-31所示。

图12-31

（6）将"圆角矩形1"图层拖曳到控制面板下方的"创建新图层"按钮，复制图层。在属性栏中将"填充"设为深绿色（其R、G、B的值分别为23、96、48）。选择"移动"工具，将其拖曳至适当的位置，效果如图12-32所示。将"圆角矩形1副本"图层拖曳至"圆角矩形1"图层的下方，如图12-33所示，图像效果如图12-34所示。

（7）选择"圆角矩形1"图层。将前景色设为白色。选择"横排文字"工具，在适当的位置输入需要的文字并选取文字，在属性栏中选择合适的字体并设置文字大小，效果如图12-35所示，在"图层"控制面板中生成新的文字图层。

图12-32

图12-33

图12-34　　　　　　图12-35

（8）将前景色设为蓝色（其R、G、B的值分别为36、144、208）。选择"自定形状"工具，单击属性栏中的"形状"选项，弹出"形状"面板，选中需要的图形，如图12-36所示。在图像窗口中绘制一个图形，效果如图12-37所示。在"图层"控制面板中生成新的形状图层，并将其命名为"形状1"。

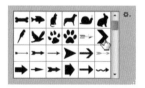

图12-36

图12-37

（9）将"形状1"图层拖曳到控制面板下方的"创建新图层"按钮上，复制图层。按Ctrl+T组合键，图像周围出现变换框，在变换框中单击鼠标右键，在弹出的菜单中选择"水平翻转"命令，翻转图形，按Enter键确认操作，效果如图12-38所示。选择"移动"工具，将图形拖曳至适当的位置，效果如图12-39所示。

图12-38　　　　　　图12-39

（10）将前景色设为蓝色（其R、G、B的值分别为61、189、232）。选择"椭圆形"工具■，在属性栏的"选择工具模式"选项中选择"形状"选项，按住Shift键的同时，在图像窗口中拖曳鼠标绘制一个圆形，效果如图12-40所示。用相同的方法绘制其他图形，效果如图12-41所示。单击"焦点广告"图层组前的▼按钮，隐藏"焦点广告"图层组内的图层。

图12-40　　　　　　　图12-41

12.1.3　制作内容1

（1）新建图层组并将其命名为"内容1"，拖曳至"焦点广告"图层组下方，如图12-42所示。选择"矩形"工具■，在属性栏中将"填充"选项设为灰色（其R、G、B的值分别为234、234、234），"描边"选项设为无，在图像窗口中拖曳鼠标绘制一个矩形，效果如图12-43所示。在"图层"控制面板中生成新的形状图层并将其命名为"矩形3"。

图12-42

图12-43

（2）按Ctrl+O组合键，打开本书学习资源中的"Ch12 > 素材 > 制作家庭卫厨网页 > 03、04"文件。选择"移动"工具■，分别将03、04图片拖曳到图像窗口中的适当位置并调整其大小，效果如图12-44所示，在"图层"控制面板中生成新的图层并分别将其命名为"浴室""厨房"。

图12-44

（3）选择"矩形"工具■，在属性栏中将"填充"选项设为白色，"描边"选项设为无，在图像窗口中拖曳鼠标绘制一个矩形，效果如图12-45所示，在"图层"控制面板中生成新的形状图层并将其命名为"矩形4"。

图12-45

（4）将前景色设为白色。选择"横排文字"工具■，在适当的位置输入需要的文字并选取文字，在属性栏中选择合适的字体并设置文字大小，效果如图12-46所示，在"图层"控制面板中生成新的文字图层。用相同的方法添加其他文字，效果如图12-47所示。

（5）选择"矩形"工具■，在属性栏中将"填充"选项设为无，"描边"选项设为灰色（其R、G、B的值分别为206、206、206），"描边宽度"选项设为1像素，在图像窗口中拖曳鼠标绘制一个矩形，效果如图12-48所示。在"图层"控制面板中生成新的图层并将其命名为"矩形7"。

图12-46　　　　　　图12-47

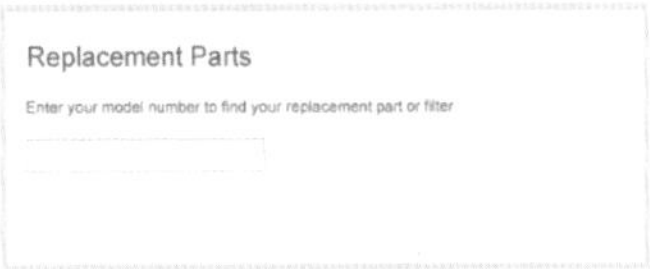

图12-48

（6）将前景色设为灰色（其R、G、B的值分别为106、106、106）。选择"横排文字"工具**T**，在适当的位置输入需要的文字并选取文字，在属性栏中选择合适的字体并设置文字大小，效果如图12-49所示。在"图层"控制面板中生成新的文字图层。

图12-49

（7）选取需要的文字，设置文字颜色为蓝色（其R、G、B的值分别为0、157、210），填充文字，效果如图12-50所示。选取"头部"图层组中的"图标"图层，拖曳到控制面板下方的"创建新图层"按钮**□**上，复制图层，并拖曳至"内容1"图层组。选择"移动"工具**▶+**，在图像窗口中将其拖曳到适当的位置，效果如图12-51所示。

（8）新建图层并将其命名为"横线2"。将前景色设为灰色（其R、G、B的值分别为206、206、206）。选择"直线"工具**✐**，在属性栏中将"粗细"选项设为1像素，在适当的位置绘制直线，效果如图12-52所示。单击"内容1"图层组前

的**▼**按钮，隐藏"内容1"图层组内的图层。

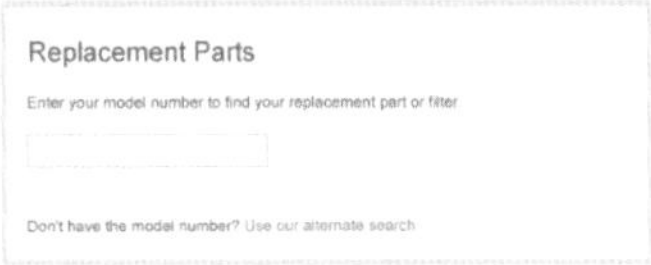

图12-50

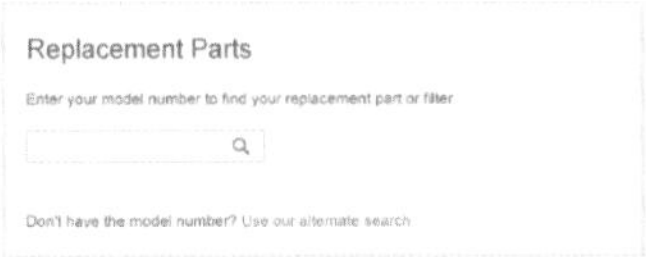

图12-51

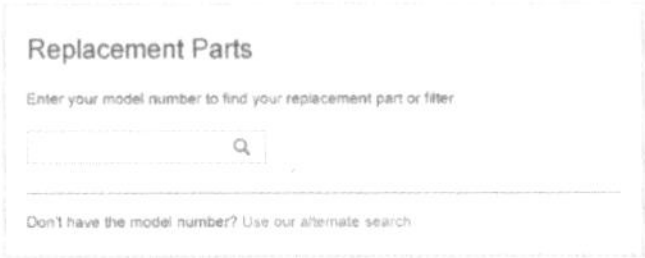

图12-52

12.1.4　制作内容2

（1）新建图层组并将其命名为"内容2"，拖曳至"内容1"图层组的下方，如图12-53所示。将前景色设为灰色（其R、G、B的值分别为98、98、98）。选择"横排文字"工具**T**，在适当的位置输入需要的文字并选取文字，在属性栏中选择合适的字体并设置文字大小，效果如图12-54所示，在"图层"控制面板中生成新的文字图层。用相同的方法添加其他文字，效果如图12-55所示。

图12-53

（2）按Ctrl+O组合键，打开本书学习资源中的"Ch12 > 素材 > 家庭厨卫网页设计 > 05"文件。选择"移动"工具**▶+**，将05图片拖曳到图像

窗口中的适当位置并调整其大小，效果如图12-56所示，在"图层"控制面板中生成新的图层并将其命名为"图标2"。

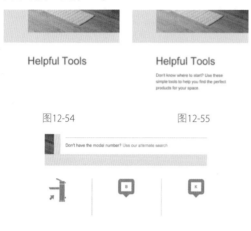

图12-54　　　　　　　　　图12-55

图12-56

（3）将前景色设为蓝色（其R、G、B的值分别为0、157、210）。选择"横排文字"工具**T.**，在适当的位置输入需要的文字并选取文字，在属性栏中选择合适的字体并设置文字大小，效果如图12-57所示，在"图层"控制面板中生成新的文字图层。用相同的方法添加其他文字，效果如图12-58所示。单击"内容2"图层组前▼按钮，隐藏"内容2"图层组内的图层。

图12-57

图12-58

12.1.5　制作底部

（1）新建图层组并命名为"底部"，拖曳至

"内容2"图层组下方，如图12-59所示。选择"矩形"工具**■**，在属性栏中将"填充"选项设为白色，"描边"选项设为无，在图像窗口中拖曳鼠标绘制一个矩形，效果如图12-60所示。在"图层"控制面板中生成新的图层并将其命名为"矩形5"。

图12-59

图12-60

（2）单击"图层"控制面板下方的"添加图层样式"按钮**fx.**，在弹出的菜单中选择"投影"命令，弹出对话框，将阴影颜色设为黑色，其他选项的设置如图12-61所示。单击"确定"按钮，效果如图12-62所示。

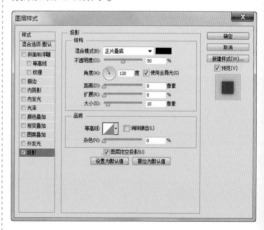

图12-61

图12-62

图12-63

（3）按Ctrl+O组合键，打开本书学习资源中的"Ch12＞素材＞家庭厨卫网页设计＞06"文件。选择"移动"工具，将图片拖曳到图像窗口中的适当位置并调整其大小，效果如图12-63所示。在"图层"控制面板中生成新的图层并将其命名为"图标3"。家庭厨卫网页制作完成，效果如图12-64所示。

图12-64

12.2 ＞ 课后习题——慕斯网页设计

习题知识要点： 在Photoshop中，使用钢笔工具、矩形工具和自定形状工具绘制图形，使用文字工具添加宣传文字，创建剪贴蒙版命令制作图片剪切效果，使用图层蒙版命令为图形添加蒙版，使用图层样式命令为图片和文字添加特殊效果。慕斯网页设计效果如图12-65所示。

效果所在位置： Ch12/效果/慕斯网页设计/慕斯网页.psd。

图12-65

第 *13* 章

VI设计

本章介绍

VI是企业形象设计的整合。它通过具体的符号将企业理念、文化素质、企业规范等抽象概念进行充分的表达，以标准化、系统化、统一化的方式塑造良好的企业形象，传播企业文化。本章以企业VI设计为例，讲解VI的设计方法和制作技巧。

学习目标

◆ 在CorelDRAW软件中进行VI设计。

技能目标

◆ 掌握"企业VI设计A部分"的制作方法。
◆ 掌握"企业VI设计B部分"的制作方法。
◆ 掌握"电影公司VI设计"的制作方法。

13.1 企业VI设计A部分

案例学习目标：在CorelDRAW中，学习使用绘图工具、文本工具、文本属性面板、对齐与分布命令、平行度量工具和对象属性泊坞窗制作企业VI设计A部分。

案例知识要点：在CorelDRAW中，使用矩形工具、2点线工具、文本工具和文本属性面板制作模板，使用颜色滴管工具制作颜色标注图标的填充效果，使用矩形工具、2点线工具和变换泊坞窗制作预留空间框，使用平行度量工具标注最小比例，使用矩形工具、调和工具、拆分调和群组命令和填充工具制作辅助色。企业VI设计A部分效果如图13-1所示。

效果所在位置：Ch13/效果/企业VI设计A部分/VI设计A部分.cdr。

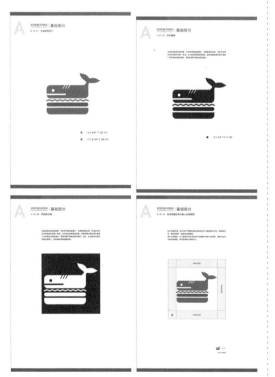

图13-1

CorelDRAW 应用

13.1.1　制作企业标志

（1）打开CorelDRAW X7软件，按Ctrl+N组合键，新建一个A4页面，如图13-2所示。选择"布局 > 重命名页面"命令，在弹出的对话框中进行设置，如图13-3所示，单击"确定"按钮，重命名页面。

图13-2　　　　　　　图13-3

（2）选择"矩形"工具 🔲，在页面上方绘制一个矩形，如图13-4所示。设置图形颜色的CMYK值为0、87、100、0，填充图形，并去除图形的轮廓线，效果如图13-5所示。

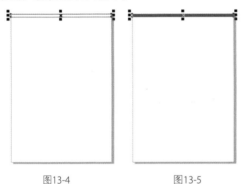

图13-4　　　　　　　图13-5

（3）选择"选择"工具 🔩，按数字键盘上的+键，复制矩形。向左拖曳复制矩形右侧中间的控制手柄到适当的位置，调整其大小，效果如图13-6所示。在"CMYK调色板"中的"红"色块上单击鼠标左键，填充图形，效果如图13-7所示。

图13-6

图13-7

（4）选择"选择"工具 🔩，选取橘红色矩形，如图13-8所示，按数字键盘上的+键，复制矩形。按住Shift键的同时，垂直向下拖曳复制的矩形到适当的位置，效果如图13-9所示。在"CMYK调色板"中的"红"色块上单击鼠标左键，填充图形，效果如图13-10所示。

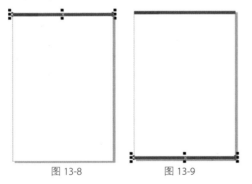

图13-8　　　　　　　图13-9

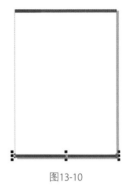

图13-10

（5）选择"文本"工具 🖹，在适当的位置输入需要的文字，选择"选择"工具 🔩，在属性栏中选取适当的字体并设置文字大小，效果如图13-11所示。在"CMYK调色板"中的"黑20%"色块上单击鼠标左键，填充文字，效果如图13-12所示。

图13-11

图13-12

（6）选择"2点线"工具 ✏️，按住Shift键的同时，在适当的位置绘制一条竖线，如图13-13所示。在"CMYK调色板"中的"黑20%"色块上单击鼠标右键，填充直线；在属性栏的"轮廓宽度" 🖊 2mm ▾ 框中设置数值为0.4mm，按Enter键，效果如图13-14所示。

图13-13　　　　　图13-14

（7）选择"文本"工具 🖹，在适当的位置分别输入需要的文字，选择"选择"工具 🔩，在属性栏中分别选取适当的字体并设置文字大小，效果如图13-15所示。将输入的文字同时选取，在

"CMYK调色板"中的"黑80%"色块上单击鼠标左键，填充文字，效果如图13-16所示。

图13-15 　　　　　　　　　图13-16

（8）选择"选择"工具，选取文字"视觉形象识别系统"，选择"文本 > 文本属性"命令，在弹出的"文本属性"面板中进行设置，如图13-17所示。按Enter键，效果如图13-18所示。

图13-17

图13-18

（9）选择"2点线"工具，按住Shift键的同时，在适当的位置绘制一条竖线，如图13-19所示。在"CMYK调色板"中的"黑80%"色块上单击鼠标右键，填充直线；在属性栏的"轮廓宽度" 2 mm 框中设置数值为0.3mm，按Enter键，效果如图13-20所示。

图13-19 　　　　　　　　　图13-20

（10）选择"文本"工具，在适当的位置输入需要的文字，选择"选择"工具，在属性栏中选取适当的字体并设置文字大小，效果如图13-21所示。在"CMYK调色板"中的"黑90%"色块上单击鼠标左键，填充文字，效果如图13-22所示。

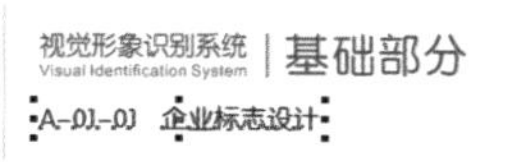

图13-21 　　　　　　　　　图13-22

（11）按Ctrl+O组合键，弹出"打开绘图"对话框，选择本书学习资源中的"Ch02 > 效果 > 鲸鱼汉堡标志设计 > 鲸鱼汉堡标志"文件，单击"打开"按钮，打开文件。选择"选择"工具，选取标志图形，按Ctrl+C组合键，复制图形。返回到正在编辑的页面，按Ctrl+V组合键，粘贴图形。

（12）选择"选择"工具，将标志图形拖曳到适当的位置，并调整其大小，效果如图13-23所示。选择"矩形"工具，按住Ctrl键的同时，在适当的位置绘制一个正方形，如图13-24所示。

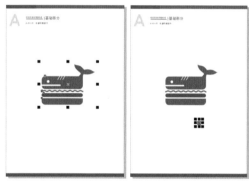

图13-23　　　　　　　　　图13-24

（13）选择"颜色滴管"工具，将鼠标光标放置在上的方标志图形上，光标变为图标，如图13-25所示。在图形上单击鼠标吸取颜色，光标变为图标，如图13-26所示。在下方矩形上单击鼠标左键，填充图形，并去除图形的轮廓线，效果如图13-27所示。

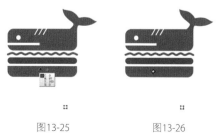

图13-25　　　　　　　　　图13-26

图13-27

（14）选择"文本"工具，在矩形的右侧输入需要的文字，选择"选择"工具，在属性栏中选取适当的字体并设置文字大小，如图13-28所示。用相同的方法制作下方的色值标注，如图13-29所示。企业标志设计制作完成，效果如图13-30所示。

图13-28

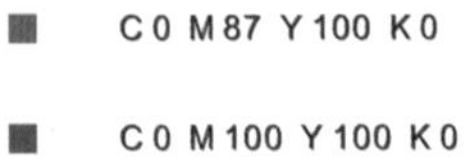

图13-29

图13-30

13.1.2 制作标志墨稿

（1）选择"布局 > 再制页面"命令，弹出"再制页面"对话框，点选"复制图层及其内容"单选项，其他选项的设置如图13-31所示，单击"确定"按钮，再制页面。选择"布局 > 重命名页面"命令，在弹出的对话框中进行设置，如图13-32所示，单击"确定"按钮，重命名页面。

图13-31 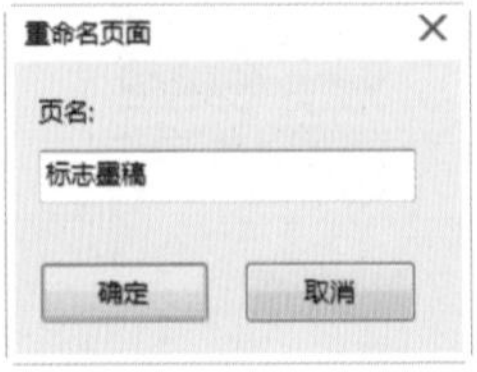　　　　　　图13-32

（2）选择"选择"工具，选取不需要的图形和文字，如图13-33所示，按Delete键，将其删除。选择"文本"工具，选取文字并将其修改，效果如图13-34所示。

图13-33 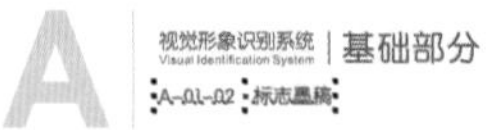　　　　　　图13-34

（3）选择"文本"工具，在适当的位置拖曳出一个文本框，如图13-35所示。在属性栏中选取适当的字体并设置文字大小，在文本框内输入需要的文字，效果如图13-36所示。

图13-35　　　　　　图13-36

（4）保持文本的选取状态，选择"文本属性"面板，选项的设置如图13-37所示。按Enter键，效果如图13-38所示。

图13-37

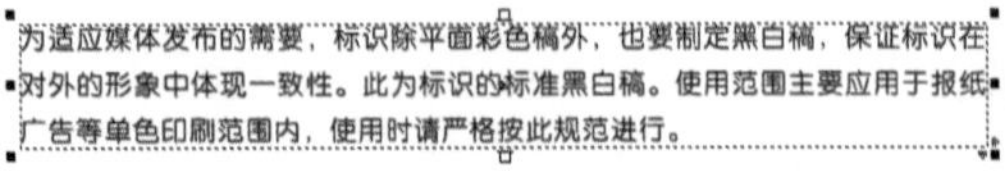

为适应媒体发布的需要，标识除平面彩色稿外，也要制定黑白稿，保证标识对外的形象中体现一致性。此为标识的标准黑白稿。使用范围主要应用于报纸广告等单色印刷范围内，使用时请严格按此规范进行。

图13-38

（5）选择"选择"工具，选取曲线，如图13-39所示，按Ctrl+Shift+Q组合键，将轮廓转换为对象，效果如图13-40所示。用圈选的方法将标志图形全部选取，按Ctrl+G组合键，将其群组，并填充图形为黑色，效果如图13-41所示。

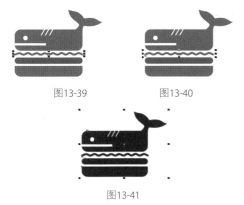

图13-39　　　　　　图13-40

图13-41

（6）选择"选择"工具，选取矩形，填充图形为黑色，效果如图13-42所示。选择"文本"工具，在矩形的右侧选取文字并将其修改，效果如图13-43所示。标志墨稿制作完成，效果如图13-44所示。

C 0 M 87 Y 100 K 0

图13-42

C 0 M 0 Y 0 K 100

图13-43　　　　　　图13-44

13.1.3　制作标志反白稿

（1）选择"布局 > 再制页面"命令，弹出"再制页面"对话框，点选"复制图层及其内容"单选项，其他选项的设置如图13-45所示，单击"确定"按钮，再制页面。选择"布局 > 重命名页面"命令，在弹出的对话框中进行设置，如图13-46所示，单击"确定"按钮，重命名页面。

图13-45　　　　　　图13-46

（2）选择"选择"工具，选取不需要的图形和文字，如图13-47所示，按Delete键，将其删除。选择"文本"工具，选取文字并将其修改，效果如图13-48所示。

图13-47　　　　　　图13-48

（3）选择"文本"工具，选取文本框内的文字并将其修改，效果如图13-49所示。

图13-49

（4）选择"选择"工具，选取标志图形，如图13-50所示，按P键，使图形在页面中居中对齐，效果如图13-51所示。选择"矩形"工具，在适当的位置绘制一个矩形，如图13-52所示。

图13-50　　　　　　　图13-51

图13-52

（5）保持矩形选取状态，填充矩形为黑色，并去除矩形的轮廓线，按Shift+PageDown组合键，将矩形移至底层，效果如图13-53所示。选择"选择"工具，选取标志图形，填充图形为白色，效果如图13-54所示。标志反白稿制作完成。

图13-53　　　　　　　图13-54

13.1.4　制作标志预留空间与最小比例限制

（1）选择"布局 > 再制页面"命令，弹出"再制页面"对话框，选择"复制图层及其内

容"单选项，其他选项的设置如图13-55所示，单击"确定"按钮，再制页面。选择"布局 > 重命名页面"命令，在弹出的对话框中进行设置，如图13-56所示，单击"确定"按钮，重命名页面。

图13-55　　　　　　　图13-56

（2）选择"选择"工具，选取不需要的图形，如图13-57所示，按Delete键，将其删除。选择"文本"工具，选取文字并将其修改，效果如图13-58所示。选择"文本"工具，选取文本框内的文字并将其修改，效果如图13-59所示。

图13-57　　　　　　　图13-58

图13-59

（3）选择"鲸鱼汉堡标志"文件，选择"选择"工具，选取标志图形，按Ctrl+C组合键，复制图形。返回到正在编辑的页面，按Ctrl+V组合键，粘贴图形。选择"选择"工具，将标志图形拖曳到适当的位置并调整其大小，效果如图13-60所示。

图13-60

（4）选择"矩形"工具 □，按住Ctrl键的同时，在适当的位置绘制正方形，如图13-61所示。填充图形为白色，并去除图形的轮廓线。按Shift+PageDown组合键，将图形移至底层，效果如图13-62所示。

图13-61　　　　　　图13-62

（5）选择"选择"工具 ▹，按数字键盘上的+键，复制矩形。按住Shift键的同时，向外拖曳右上角的控制手柄到适当的位置，等比例放大图形，效果如图13-63所示。设置图形颜色的CMYK值为0、0、0、10，填充图形；设置轮廓线颜色的CMYK值为0、0、0、80，填充轮廓线，效果如图13-64所示。按Shift+PageDown组合键，将图形移至底层，效果如图13-65所示。

图13-63　　　　　　图13-64

图13-65

（6）选择"2点线"工具 ✐，按住Shift键的同时，在适当的位置绘制直线，如图13-66所示。按F12键，弹出"轮廓笔"对话框，在"颜色"选项中设置轮廓线颜色的CMYK值为0、0、0、80，其他选项的设置如图13-67所示。单击"确定"按钮，效果如图13-68所示。

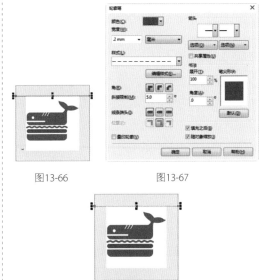

图13-66　　　　　　图13-67

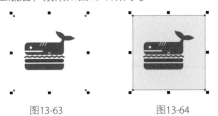

图13-68

（7）选择"选择"工具 ▹，选取虚线，按住Shift键的同时，将虚线拖曳到适当的位置，并单击鼠标右键，复制虚线，效果如图13-69所示。按住Shift键的同时，单击上方的虚线，将其同时选取，如图13-70所示。选择"对象>变换>旋转"命令，在弹出的"变换"面板中进行设置，如图13-71所示，单击"应用"按钮，效果如图13-72所示。

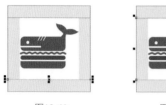

图13-69　　　　　　　　图13-70

图13-71

图13-72

（8）选择"文本"工具，在适当的位置输入需要的文字，选择"选择"工具，在属性栏中选取适当的字体并设置文字大小，如图13-73所示。选择"选择"工具，选取文字，将其拖曳到适当的位置，并单击鼠标右键，复制文字，效果如图13-74所示。

（9）再次复制文字，并单击属性栏中的"将文本更改为垂直方向"按钮，垂直排列文字，拖曳到适当的位置，效果如图13-75所示。选择"文本"工具，在适当的位置输入需要的文字，选择"选择"工具，在属性栏中选取适当的字体并设置文字大小，如图13-76所示。

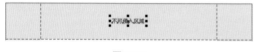

图13-73

图13-74　　　　　　　　图13-75

图13-76

（10）选择"选择"工具，选取标志图形，将其拖曳到适当的位置，并单击鼠标右键，复制图形，调整其大小，效果如图13-77所示。选择"平行度量"工具，在适当的位置单击，如图13-78所示，按住鼠标左键将光标移动到适当的位置，如图13-79所示，松开鼠标，向右侧拖曳光标，如图13-80所示，单击鼠标，标注图形。

图13-77

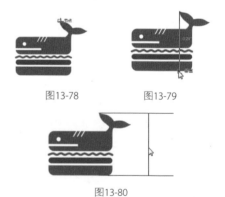

图13-78　　　　　　　　图13-79

图13-80

（11）保持标注的选取状态。在属性栏中单击"文本位置"按钮，在弹出的面板中选择需要的选项，如图13-81所示。单击"双箭头"右侧的按钮，在弹出的面板中选择需要的箭头形状，如图13-82所示。单击"延伸线"按钮，在弹出的面板中进行设置，如图13-83所示，其他选项的设置如图13-84所示。按Enter键，效果如图13-85所示。

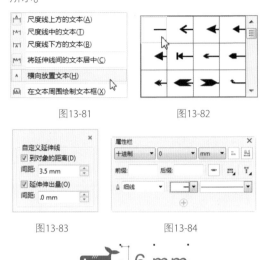

图13-81　　　　　图13-82

图13-83　　　　　图13-84

图13-85

（12）选择"选择"工具，选取数值，在属性栏中选取适当的字体并设置文字大小，如图13-86所示。填充文字为黑色，效果如图13-87所示。选取标注线，填充轮廓线颜色为黑色，效果如图13-88所示。

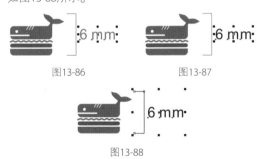

图13-86　　　　　图13-87

图13-88

（13）选择"文本"工具，在适当的位置输入需要的文字，选择"选择"工具，在属性栏中选取适当的字体并设置文字大小，如图13-89所示。标志预留空间与最小比例限制制作完成，效果如图13-90所示。

6 mm

最小比例限制

图13-89　　　　　图13-90

13.1.5　制作企业全称中文字体

（1）选择"布局 > 再制页面"命令，弹出"再制页面"对话框，点选"复制图层及其内容"单选项，其他选项的设置如图13-91所示，单击"确定"按钮，再制页面。选择"布局 > 重命名页面"命令，在弹出的对话框中进行设置，如图13-92所示，单击"确定"按钮，重命名页面。

图13-91　　　　　图13-92

（2）选择"选择"工具，选取不需要的标志和文字，如图13-93所示，按Delete键，将其删除。选择"文本"工具，选取文字并将其修改，效果如图13-94所示。选择"文本"工具，选取文本框内的文字并将其修改，效果如图13-95所示。

（3）选择"鲸鱼汉堡标志"文件，选择"选择"工具，选取标志文字，如图13-96所示。按Ctrl+C组合键，复制文字。返回到正在编辑的页面，按Ctrl+V组合键，粘贴文字。选择"选择"工具，将其拖曳到适当的位置并调整大小，如图13-97所示。

图13-93

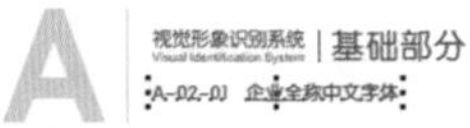

视觉形象识别系统 | 基础部分
Visual Identification System
A-02-01 企业全称中文字体

图13-94

视觉形象识别系统 | 基础部分
Visual Identification System
A-02-01 企业全称中文字体

图13-95

图13-96

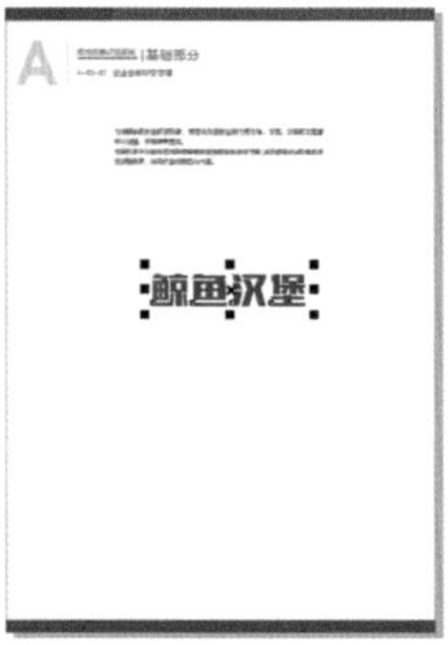

鲸鱼汉堡

图13-97

（4）选择"文本"工具 ，在适当的位置输入需要的文字，选择"选择"工具 ，在属性栏中选取适当的字体并设置文字大小，如图13-98所示。

（5）选择"矩形"工具 ，按住Ctrl键的同时，在适当的位置绘制正方形。在"CMYK调色板"中的"红"色块上单击鼠标左键，填充图形，并去除图形的轮廓线，效果如图13-99所示。选择"文本"工具 ，在矩形的右侧输入需要的文字，选择"选择"工具 ，在属性栏中选取适当的字体并设置文字大小，如图13-100所示。

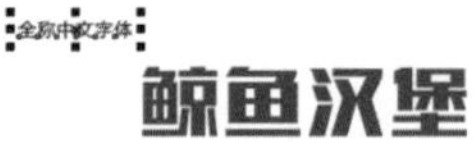

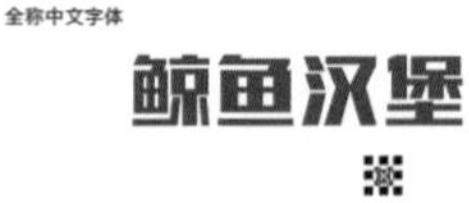

全称中文字体

鲸鱼汉堡

图13-98   图13-99

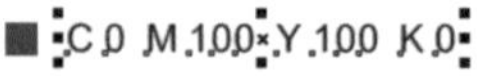

C 0 M 100 Y 100 K 0

图13-100

（6）选择"矩形"工具 ，在适当的位置绘制矩形，填充图形为黑色，并去除图形的轮廓线，效果如图13-101所示。选择"文本"工具 ，在适当的位置输入需要的文字，选择"选择"工具 ，在属性栏中选取适当的字体并设置文字大小，如图13-102所示。

图13-101   图13-102

（7）选择"选择"工具 ，按住Shift键的同时，依次单击矩形和上方的文字，将其同时选取。按Ctrl+Shift+A组合键，弹出"对齐与分布"泊坞窗，单击"左对齐"按钮 ，如图13-103所示，对齐效果如图13-104所示。

图13-103   图13-104

（8）选择"选择"工具▷，选取标志文字，将其拖曳到适当的位置，并单击鼠标右键，复制文字，填充文字为白色，效果如图13-105所示。企业全称中文字体制作完成，效果如图13-106所示。

图13-105　　　　图13-106

13.1.6　制作企业标准色

（1）选择"布局 > 再制页面"命令，弹出"再制页面"对话框，选择"复制图层及其内容"单选项，其他选项的设置如图13-107所示，单击"确定"按钮，再制页面。选择"布局 > 重命名页面"命令，在弹出的对话框中进行设置，如图13-108所示，单击"确定"按钮，重命名页面。

图13-107

图13-108

（2）选择"选择"工具▷，选取不需要的标志和文字，如图13-109所示，按Delete键，将其删除。选择"文本"工具字，选取文字并对其进行修改，效果如图13-110所示。选择"文本"工具字，选取文本框内的文字并对其进行修改，效果如图13-111所示。

图13-109　　　　　　　图13-110

图13-111

（3）选择"鲸鱼汉堡标志"文件，选择"选择"工具▷，选取标志和文字，如图13-112所示。按Ctrl+C组合键，复制标志和文字。返回到正在编辑的页面，按Ctrl+V组合键，粘贴标志和文字。选择"选择"工具▷，将其拖曳到适当的位置并调整大小，如图13-113所示。

图13-112　　　　　　　图13-113

（4）选择"矩形"工具▢，在适当的位置绘制矩形。设置图形颜色的CMYK值为0、87、100、0，填充图形，并去除图形的轮廓线，效果如图13-114所示。选择"选择"工具▷，按数字键盘上的+键，复制矩形，向下拖曳上方中间的控制手柄到适当的位置，效果如图13-115所示。设置图形颜色的CMYK值为0、100、100、0，填充图形，效果如图13-116所示。

图13-114

图13-115　　　　　　图13-116

（5）选择"文本"工具，在矩形上输入需要的文字，选择"选择"工具，在属性栏中选取适当的字体并设置文字大小，填充文字为白色，效果如图13-117所示。选择"文本属性"面板，选项的设置如图13-118所示，按Enter键，效果如图13-119所示。企业标准色制作完成，效果如图13-120所示。

图13-117

图13-118

图13-119

图13-120

13.1.7　制作企业辅助色

（1）选择"布局 > 再制页面"命令，弹出"再制页面"对话框，选择"复制图层及其内容"单选项，其他选项的设置如图13-121所示，单击"确定"按钮，再制页面。选择"布局 > 重命名页面"命令，在弹出的对话框中进行设置，如图13-122所示，单击"确定"按钮，重命名页面。

图13-121　　　　　　图13-122

（2）选择"选择"工具，选取不需要的标志和文字，如图13-123所示，按Delete键，将其删除。选择"文本"工具，选取文字并将其修改，效果如图13-124所示。选择"文本"工具，选取文本框内的文字并对其进行修改，效果如图13-125所示。

图13-123　　　　　　图13-124

图13-125

（3）选择"矩形"工具□，在适当的位置绘制矩形。设置图形颜色的CMYK值为0、0、100、0，填充图形，并去除图形的轮廓线，效果如图13-126所示。选择"选择"工具▷，按住Shift键的同时，将矩形垂直向下拖曳到适当的位置并单击鼠标右键，复制矩形，效果如图13-127所示。设置矩形颜色的CMYK值为0、0、0、30，填充图形，效果如图13-128所示。

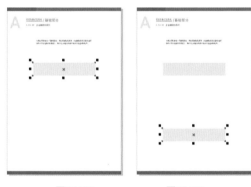

图13-126　　　　　图13-127

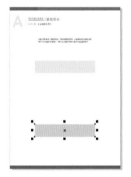

图13-128

（4）选择"调和"工具▣，在上方的矩形上单击并按住鼠标左键拖曳到下方的图形上，松开鼠标，调整效果如图13-129所示。在属性栏中的设置如图13-130所示，按Enter键，调和效果如图13-131所示。

图13-129　　　　　图13-130

图13-131

（5）选择"对象 > 拆分调和群组"命令，拆分调和图形。选择"选择"工具▷，选取需要的图形，单击属性栏中的"取消组合所有对象"按钮，取消所有图形的组合，如图13-132所示。

图13-132

（6）选择"选择"工具▷，选取需要的矩形，设置填充颜色的CMYK值为0、100、60、0，填充图形，效果如图13-133所示。用相同的方法分别为矩形填充适当的颜色，效果如图13-134所示。

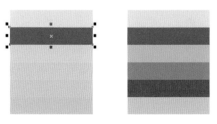

图13-133　　　　　图13-134

（7）选择"文本"工具圆，在矩形上输入需要的文字，选择"选择"工具▷，在属性栏中选取适当的字体并设置文字大小，填充文字为白色，效果如图13-135所示。用相同的方法在其他色块上输入色值，如图13-136所示。企业辅助色制作完成，效果如图13-137所示。

图13-137

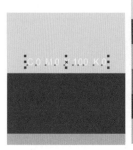

图13-135

图13-136

13.2 企业VI设计B部分

案例学习目标：在CorelDRAW中，学习使用绘图工具、文本工具和标注工具制作VI设计B部分。

案例知识要点：在CorelDRAW中，使用平行度量工具标注名片、信纸和信封，使用矩形工具、2点线工具和文本工具制作名片、信纸、信封、传真纸和胸卡，使用矩形工具、椭圆形工具、合并命令和填充工具制作胸卡挂环。VI设计B部分效果如图13-138所示。

效果所在位置：Ch13/效果/企业VI设计B部分/VI设计B部分.cdr。

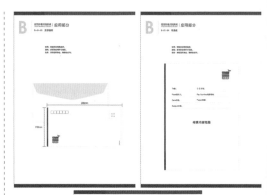

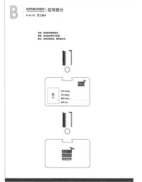

图13-138

CorelDRAW 应用

13.2.1　制作企业名片

（1）打开CorelDRAW X7软件，按Ctrl+N组合键，新建一个A4页面。选择"布局 > 重命名页面"命令，在弹出的对话框中进行设置，如图13-139所示，单击"确定"按钮，重命名页面。

（2）按Ctrl+O组合键，弹出"打开绘图"对话框，选择本书学习资源中的"Ch13 > 效果 > 企业VI设计A部分 > VI设计A部分"文件，单击"打开"按钮，打开文件。选取需要的图形，按Ctrl+C组合键，复制图形。返回到正在编辑的页面，按Ctrl+V组合键，粘贴图形，效果如图13-140所示。

图13-139　　　　　　　　图13-140

（3）选择"文本"工具，选取文字并进行修改，效果如图13-141所示。用相同的方法修改右侧的文字，效果如图13-142所示。

图13-141　　　　　　　　图13-142

（4）选择"文本"工具，在矩形下方拖曳文本框并输入需要的文字。选择"选择"工具，在属性栏中选取适当的字体并设置文字大小，效果如图13-143所示。选择"文本 > 文本属性"命令，在弹出的"文本属性"面板中进行设置，如图13-144所示。按Enter键，效果如图13-145所示。

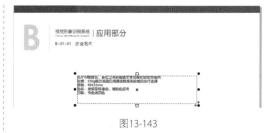

图13-143

图13-144　　　　　　　　图13-145

（5）选择"矩形"工具，在属性栏中的设置如图13-146所示，在适当的位置绘制矩形，如图13-147所示。填充图形为白色，并设置轮廓线颜色的CMYK值为0、0、0、10，填充图形轮廓线，效果如图13-148所示。

图13-146

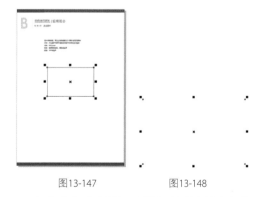

图13-147　　　　　　　　图13-148

（6）选择"选择"工具，按数字键盘上的+键，复制矩形，向下拖曳上方中间的控制手柄到适当的位置，调整其大小，效果如图13-149所示。设置图形颜色的CMYK值为0、0、0、40，填充图形，并去除图形的轮廓线，效果如图13-150所示。

图13-149　　　　　　图13-150

（7）选择"文本"工具，在适当的位置分别输入需要的文字，选择"选择"工具，在属性栏中分别选取适当的字体并设置文字大小，如图13-151所示。按住Shift键的同时，选取需要的文字，按Ctrl+Shift+A组合键，弹出"对齐与分布"泊坞窗，单击"左对齐"按钮，如图13-152所示，对齐效果如图13-153所示。

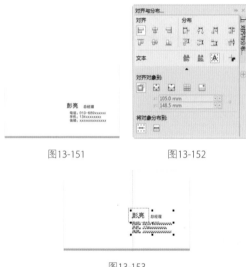

图13-151　　　　　　图13-152

图13-153

（8）选择"选择"工具，选取需要的文字。选择"文本属性"面板，选项的设置如图13-154所示，按Enter键，效果如图13-155所示。

图13-154　　　　　　图13-155

（9）选择"2点线"工具，按住Shift键的同时，在适当的位置绘制一条竖线，效果如图13-156所示。

图13-156

（10）按Ctrl+O组合键，弹出"打开绘图"对话框，选择本书学习资源中的"Ch02 > 效果 > 鲸鱼汉堡标志设计 > 鲸鱼汉堡标志"文件，单击"打开"按钮，打开文件。选择"选择"工具，选取标志和文字。按Ctrl+C组合键，复制标志和文字。返回到正在编辑的页面，按Ctrl+V组合键，粘贴标志和文字。

（11）选择"选择"工具，将标志和文字拖曳到适当的位置并调整大小，效果如图13-157所示。选取背景矩形，将其拖曳到适当的位置并单击鼠标右键，复制矩形，效果如图13-158所示。

图13-157　　　　　　图13-158

（12）选择"选择"工具，设置图形颜色的CMYK值为0、0、0、10，填充图形，效果如图13-159所示。按Ctrl+PageDown组合键后移图形，效果如图13-160所示。

图13-159　　　　　　图13-160

（13）选择"平行度量"工具，在适当的位置单击，如图13-161所示。按住鼠标左键将光标移动到适当的位置，如图13-162所示。松开鼠标，向下拖曳光标，单击鼠标标注图形，如图13-

163所示。保持标注的选取状态。在属性栏中单击"文本位置"按钮 ，在弹出的面板中选择需要的选项，如图13-164所示。

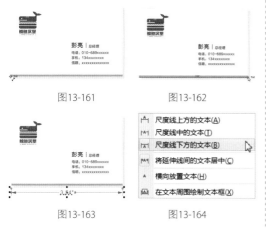

图13-161　　　　　图13-162

图13-163　　　　　图13-164

（14）单击"延伸线"按钮 ，在弹出的面板中进行设置，如图13-165所示。单击"双箭头"右侧的按钮，在弹出的面板中选择需要的箭头形状，如图13-166所示。其他选项的设置如图13-167所示。按Enter键，效果如图13-168所示。

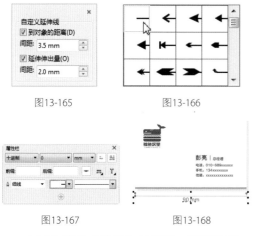

图13-165　　　　　图13-166

图13-167　　　　　图13-168

（15）选择"选择"工具 ，选取数值，在属性栏中选取适当的字体并设置文字大小，填充文字为黑色，效果如图13-169所示。选取标注线，填充轮廓线颜色为黑色，效果如图13-170所示。

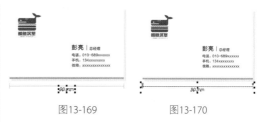

图13-169　　　　　图13-170

（16）用上述方法制作左侧的标注，如图13-171所示。选取标注，在属性栏中单击"文本位置"按钮 ，在弹出的面板中选择需要的选项，如图13-172所示，标注效果如图13-173所示。

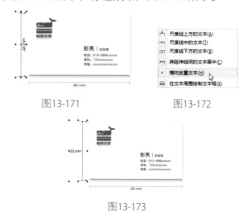

图13-171　　　　　图13-172

图13-173

（17）选择"选择"工具 ，选取名片，按数字键盘上的+键，复制名片。按住Shift键的同时，向下拖曳名片到适当的位置，效果如图13-174所示。选择"选择"工具 ，选取不需要的文字，如图13-175所示，按Delete键，将其删除。

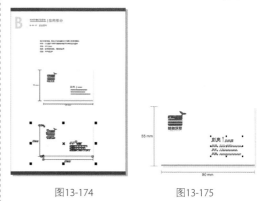

图13-174　　　　　图13-175

（18）选择"选择"工具 ，选取需要的图形，设置图形颜色的CMYK值为0、0、0、20，填充图形，效果如图13-176所示。选取标志和文字，调整其位置和大小，效果如图13-177所示。企业名片制作完成，效果如图13-178所示。

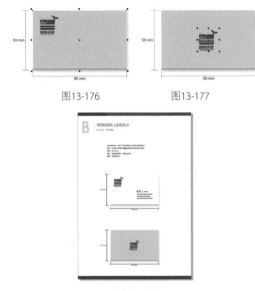

图13-176　　　　　　图13-177

图13-178

13.2.2　制作企业信纸

（1）选择"布局 > 再制页面"命令，弹出"再制页面"对话框，选择"复制图层及其内容"单选项，其他选项的设置如图13-179所示，单击"确定"按钮，再制页面。选择"布局 > 重命名页面"命令，在弹出的对话框中进行设置，如图13-180所示，单击"确定"按钮，重命名页面。

图13-179　　　　　　图13-180

（2）选择"选择"工具，选取不需要的图形，如图13-181所示，按Delete键，将其删除。选择"文本"工具，选取文字并将其修改，效果如图13-182所示。选择"文本"工具，选取文本框内的文字并对其进行修改，效果如图13-183所示。

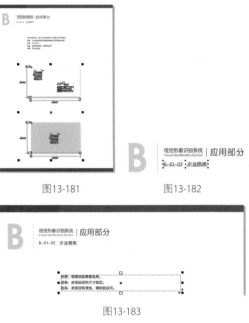

图13-181　　　　　　图13-182

图13-183

（3）双击"矩形"工具，绘制一个与页面大小相等的矩形，如图13-184所示。在属性栏中的"对象原点"按钮上修改参考点，其他选项的设置如图13-185所示，按Enter键，效果如图13-186所示。

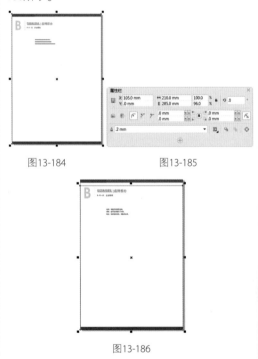

图13-184　　　　　　图13-185

图13-186

（4）选择"选择"工具 🔸，按住Shift键的同时，等比例缩小图形，如图13-187所示。填充图形为白色，并设置轮廓线颜色的CMYK值为0、0、0、10，填充图形轮廓线，效果如图13-188所示。

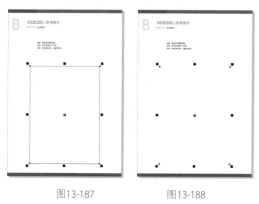

图13-187 　　　　　 图13-188

（5）选择"选择"工具 🔸，按数字键盘上的+键，复制矩形，向下拖曳上方中间的控制手柄到适当的位置，调整其大小，效果如图13-189所示。设置图形颜色的CMYK值为0、0、0、40，填充图形，并去除图形的轮廓线，效果如图13-190所示。

（6）选择"鲸鱼汉堡标志"文件，选择"选择"工具 🔸，选取标志，按Ctrl+C组合键，复制标志。返回到正在编辑的页面，按Ctrl+V组合键，粘贴标志。选择"选择"工具 🔸，将其拖曳到适当的位置并调整大小，效果如图13-191所示。

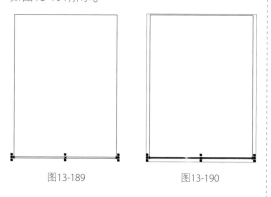

图13-189 　　　　　 图13-190

图13-191

（7）选择"2点线"工具 🖊，按住Shift键的同时，在适当的位置绘制直线，如图13-192所示。设置轮廓线颜色的CMYK值为0、0、0、40，填充直线。在属性栏的"轮廓宽度" 🔲 .2mm ▾ 框中设置数值为0.25mm，按Enter键，效果如图13-193所示。

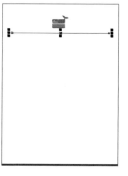 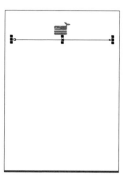

图13-192 　　　　　 图13-193

（8）选择"文本"工具 🗛，在适当的位置输入需要的文字，选择"选择"工具 🔸，在属性栏中选取适当的字体并设置文字大小，如图13-194所示。

图13-194

（9）选择"平行度量"工具 🖊，在适当的位置单击，按住鼠标左键将光标移动到适当的位置，松开鼠标，向上拖曳光标并单击鼠标，标注图形，如图13-195所示。

（10）在属性栏中单击"文本位置"按钮 🔲，在弹出的面板中选择需要的选项，如图13-196所示。单击"延伸线"按钮 🔲，在弹出的面板中进行设置，如图13-197所示。单击"双箭头"右侧的按钮，在弹出的面板中选择需要的箭头形状，如图13-198所示。其他选项的设置如图13-199所示，按Enter键，效果如图13-200所示。

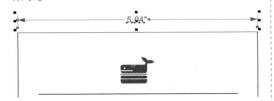

图13-195

图13-196　　　　　　　　图13-197

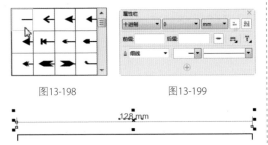

图13-198　　　　　　　　图13-199

图13-200

（11）按Ctrl+K组合键，拆分尺度。选择"选择"工具，选取标注线，填充轮廓色为黑色，效果如图13-201所示。选取数值，在属性栏中选取适当的字体并设置文字大小，填充文字为黑色，效果如图13-202所示。选择"文本"工具，选取并修改需要的文字，效果如图13-203所示。

128 mm

图13-201

128 mm

图13-202

210 mm

图13-203

（12）保持文字的选取状态，选择"文本属性"面板，选项的设置如图13-204所示。按Enter键，效果如图13-205所示。

图13-204　　　　　　　　图13-205

（13）用相同的方法标注左侧，效果如图13-206所示。选择"选择"工具，将需要的图形同时选取，按Ctrl+G组合键，群组图形，如图13-207所示。按数字键盘上的+键，复制群组图形，调整其大小和位置，效果如图13-208所示。

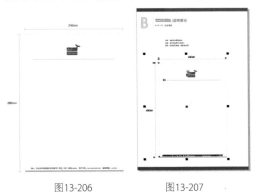

图13-206　　　　　　　　图13-207

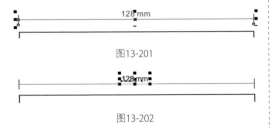

图13-208

（14）保持图形的选取状态，单击属性栏中的"取消组合所有对象"按钮，取消群组对象。选择"文本"工具，选取并修改需要的文字，效果如图13-209所示。用相同的方法修改左侧的标注文字，效果如图13-210所示。企业信纸制作完成，效果如图13-211所示。

图13-209

图13-210

图13-211

13.2.3 制作五号信封

（1）选择"布局 > 再制页面"命令，弹出"再制页面"对话框，点选"复制图层及其内容"单选项，其他选项的设置如图13-212所示，单击"确定"按钮，再制页面。选择"布局 > 重命名页面"命令，在弹出的对话框中进行设置，如图13-213所示，单击"确定"按钮，重命名页面。

图13-212

图13-213

（2）选择"选择"工具，选取不需要的图形，如图13-214所示，按Delete键，将其删除。选择"文本"工具，选取文字并将其修改，效果如图13-215所示。

图13-214   图13-215

（3）选择"矩形"工具，在适当的位置绘制矩形，如图13-216所示。填充图形为白色，并设置轮廓线颜色的CMYK值为0、0、0、20，填充图形轮廓线，效果如图13-217所示。

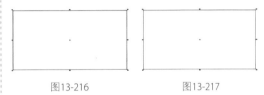

图13-216   图13-217

（4）选择"矩形"工具，在适当的位置绘制矩形。设置轮廓线颜色的CMYK值为0、100、100、0，填充图形轮廓线，效果如图13-218所示。选择"选择"工具，按住Shift键的同时，水平向右拖曳矩形到适当的位置并单击鼠标右键，复制图形，效果如图13-219所示。按住Ctrl键的同时，连续按D键，再制出多个矩形，效果如图13-220所示。

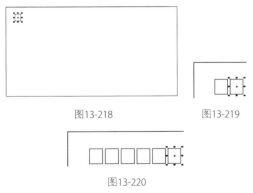

图13-218   图13-219

图13-220

（5）选择"矩形"工具，在适当的位置绘

制矩形，设置轮廓线颜色的CMYK值为0、0、0、20，填充图形轮廓线，效果如图13-221所示。用上述方法复制图形，效果如图13-222所示。

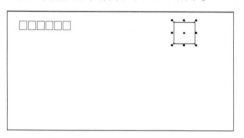

图13-221

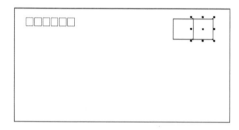

图13-222

（6）选择"选择"工具 ，选取左侧的矩形，在"对象属性"泊坞窗中，单击"线条样式"选项右侧的按钮，在弹出的面板中选择需要的样式，如图13-223所示，效果如图13-224所示。选择"文本"工具 ，在适当的位置输入需要的文字，选择"选择"工具 ，在属性栏中选取适当的字体并设置文字大小，如图13-225所示。

图13-223

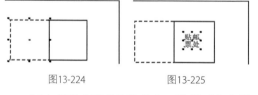

图13-224　　　　　图13-225

（7）保持文字的选取状态，选择"文本属

性"面板，选项的设置如图13-226所示，按Enter键，效果如图13-227所示。

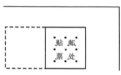

图13-226　　　　　图13-227

（8）选择"矩形"工具 ，在左侧绘制一个矩形，设置图形颜色的CMYK值为0、87、100、0，填充图形，并去除图形的轮廓线，效果如图13-228所示。

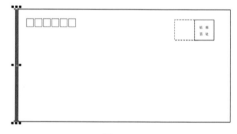

图13-228

（9）选择"选择"工具 ，按数字键盘上的+键，复制矩形。向下拖曳复制矩形中间的控制手柄到适当的位置，调整其大小。在"CMYK调色板"中的"红"色块上单击鼠标左键，填充图形，效果如图13-229所示。

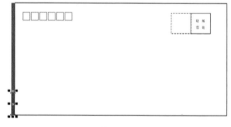

图13-229

（10）选择"鲸鱼汉堡标志"文件，选择"选择"工具 ，选取标志和文字，按Ctrl+C组合键，复制标志和文字。返回到正在编辑的页面，按Ctrl+V组合键，粘贴标志和文字。

（11）选择"选择"工具 ，将标志和文字拖曳到适当的位置并调整大小，效果如图13-230所示。选择"矩形"工具 ，在适当的位置绘制矩形，设置轮廓线颜色的CMYK值为0、0、0、20，填充图形轮廓线，效果如图13-231所示。

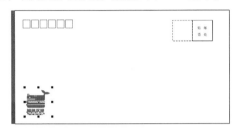

图13-230

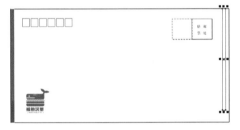

图13-231

（12）选择"选择"工具 ，选取矩形，在"对象属性"泊坞窗中，单击"线条样式"选项右侧的按钮，在弹出的面板中选择需要的样式，如图13-232所示，效果如图13-233所示。

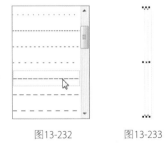

图13-232　　　图13-233

（13）选择"矩形"工具 ，绘制一个矩形，在属性栏的"转角半径" 框中进行设置，如图13-234所示。设置轮廓线颜色的CMYK值为0、0、0、20，填充图形轮廓线，效果如图13-235所示。

图13-234　　　　　　图13-235

（14）选择"矩形"工具 ，绘制一个矩形，填充黑色，并去除图形的轮廓线，效果如图13-236所示。按Ctrl+Q组合键，转换为曲线。选择"形状"工具 ，将左上角的节点拖曳到适当的位置，效果如图13-237所示。在适当的位置双击鼠标添加节点，如图13-238所示。按住Shift键的同时，单击左下角的节点，将其同时选取，拖曳到适当的位置，效果如图13-239所示。

图13-236　图13-237　图13-238　图13-239

（15）选择"选择"工具 ，将图形拖曳到适当的位置，效果如图13-240所示。选择"文本"工具 ，输入需要的文字。选择"选择"工具 ，在属性栏中选取适当的字体并设置文字大小，效果如图13-241所示。单击属性栏中的"将文本更改为垂直方向"按钮 ，垂直排列文字，并拖曳到适当的位置，效果如图13-242所示。

图13-240　　　图13-241　　　图13-242

（16）信封正面绘制完成，效果如图13-243所示。选择"平行度量"工具 ，在适当的位置进行标注，如图13-244所示。

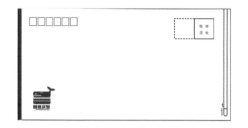

图13-243

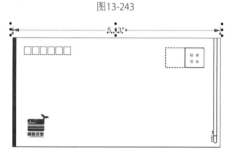

图13-244

（17）在属性栏中单击"文本位置"按钮，在弹出的面板中选择需要的选项，如图13-245所示。单击"延伸线"按钮，在弹出的面板中进行设置，如图13-246所示。单击"双箭头"右侧的按钮，在弹出的面板中选择需要的箭头形状，如图13-247所示，效果如图13-248所示。

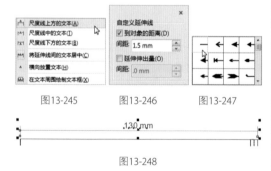

图13-245　　　　图13-246　　　　图13-247

图13-248

（18）选择"选择"工具，选取标注线，填充轮廓色为黑色，效果如图13-249所示。选取数值，在属性栏中选取适当的字体并设置文字大小，填充为黑色。选择"文本"工具，选取并修改需要的文字，效果如图13-250所示。

图13-249

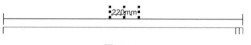

图13-250

（19）保持文字的选取状态，选择"文本属性"面板，选项的设置如图13-251所示。按Enter键，效果如图13-252所示。

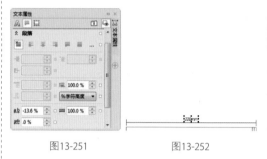

图13-251　　　　　　图13-252

（20）用上述方法标注左侧，效果如图13-253所示。选择"选择"工具，用圈选的方法选取需要的图形，拖曳到适当的位置，效果如图13-254所示。

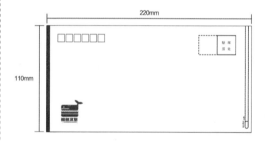

图13-253

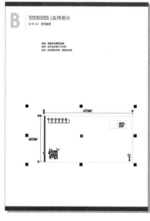

图13-254

（21）选择"选择"工具 ，选取矩形，按数字键盘上的+键，复制矩形，拖曳到适当的位置，效果如图13-255所示。按数字键盘上的+键，再次复制矩形，向上拖曳下方中间的控制手柄到适当的位置，效果如图13-256所示。

图13-255　　　　　　　图13-256

（22）选择"矩形"工具 ，绘制一个矩形，在属性栏中单击"转角半径" ▢▢▢▢ 框中间的"同时编辑所有角"按钮 🔒，使其处于解锁状态。在"左下角"和"右下角"框中设置数值为5mm，按Enter键，效果如图13-257所示。

（23）保持图形的选取状态，设置图形颜色的CMYK值为0、0、0、10，填充图形；设置轮廓线颜色的CMYK值为0、0、0、20，填充轮廓线，效果如图13-258所示。

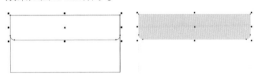

图13-257　　　　　　　图13-258

（24）按Ctrl+Q组合键，转换为曲线。选择"形状"工具 ，在适当的位置双击鼠标添加节点，如图13-259所示。用圈选的方法将需要的节点同时选取，拖曳到适当的位置，效果如图13-260所示。

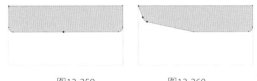

图13-259　　　　　　　图13-260

（25）用上述方法将右侧的节点拖曳到适当的位置，效果如图13-261所示。选取下方的节点，单击属性栏中的"转换为曲线"按钮 ，将其转换为曲线点。选取左侧最下方的节点，单击

属性栏中的"转换为曲线"按钮 ，将其转换为曲线点，效果如图13-262所示。

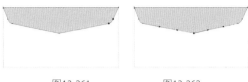

图13-261　　　　　　　图13-262

（26）选择"形状"工具 ，拖曳需要的控制点到适当的位置，效果如图13-263所示。用相同的方法将其他控制点拖曳到适当的位置，效果如图13-264所示。

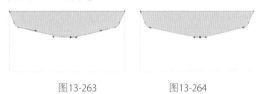

图13-263　　　　　　　图13-264

（27）选择"选择"工具 ，用圈选的方法将信封背面拖曳到适当的位置，如图13-265所示，按Shift+PageDown组合键，将图层置于底层。五号信封制作完成，效果如图13-266所示。

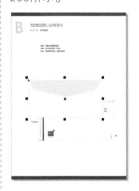 

图13-265　　　　　　　图13-266

13.2.4　制作传真纸

（1）选择"布局 > 再制页面"命令，弹出"再制页面"对话框，点选"复制图层及其内容"单选项，其他选项的设置如图13-267所示，单击"确定"按钮，再制页面。选择"布局 > 重命名页面"命令，在弹出的对话框中进行设

置，如图13-268所示，单击"确定"按钮，重命名页面。

图13-267　　　　　　　　图13-268

（2）选择"选择"工具，选取不需要的图形，如图13-269所示，按Delete键，将其删除。选择"文本"工具，选取文字并将其修改，效果如图13-270所示。

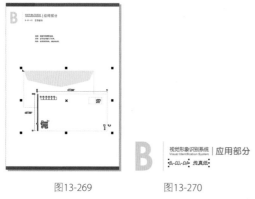

图13-269　　　　　　　　图13-270

（3）选择"矩形"工具，在适当的位置绘制一个矩形，设置轮廓线颜色的CMYK值为0、0、0、20，填充图形轮廓线，效果如图13-271所示。

（4）选择"选择"工具，按数字键盘上的+键，复制矩形。向左拖曳矩形右侧中间的控制手柄到适当的位置，调整其大小。设置图形颜色的CMYK值为0、87、100、0，填充图形，并去除图形的轮廓线，效果如图13-272所示。

（5）按数字键盘上的+键，复制矩形。选择"选择"工具，向下拖曳矩形上方中间的控制手柄到适当的位置，调整其大小。在"CMYK调色板"中的"红"色块上单击鼠标左键，填充图形，效果如图13-273所示。

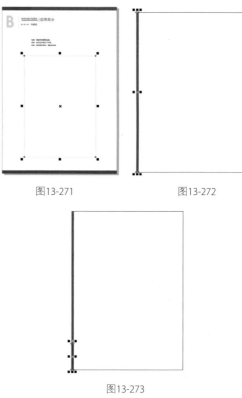

图13-271　　　　　　　　图13-272

图13-273

（6）选择"鲸鱼汉堡标志"文件，选择"选择"工具，选取标志和文字，按Ctrl+C组合键，复制标志和文字。返回到正在编辑的页面，按Ctrl+V组合键，粘贴标志和文字。选择"选择"工具，将其拖曳到适当的位置并调整其大小，效果如图13-274所示。

（7）选择"2点线"工具，按住Shift键的同时，在适当的位置绘制直线。设置轮廓线颜色的CMYK值为0、0、0、20，填充直线，效果如图13-275所示。选择"选择"工具，按住Shift键的同时，将直线垂直向下拖曳到适当的位置并单击鼠标右键，复制直线，效果如图13-276所示。按住Ctrl键的同时，连续按D键，再制出多条直线，效果如图13-277所示。

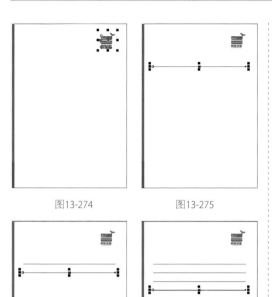

图13-274　　　　　　　图13-275

图13-276　　　　　　　图13-277

（8）选择"文本"工具，分别输入需要的文字。选择"选择"工具，在属性栏中分别选取适当的字体并设置文字大小，效果如图13-278所示。用圈选的方法将两个文字同时选取，在"对齐与分布"泊坞窗中，单击"底端对齐"按钮，对齐效果如图13-279所示。

图13-278

图13-279

（9）用相同的方法输入下方的文字，效果如图13-280所示。选择"文本"工具，在适当的位置输入需要的文字。选择"选择"工具，在属性栏中选取适当的字体并设置文字大小，效果如图13-281所示。传真纸制作完成，效果如图13-282所示。

图13-280

图13-281　　　　　　　图13-282

13.2.5　制作员工胸卡

（1）选择"布局 > 再制页面"命令，弹出"再制页面"对话框，选择"复制图层及其内容"单选项，其他选项的设置如图13-283所示，单击"确定"按钮，再制页面。选择"布局 > 重命名页面"命令，在弹出的对话框中进行设置，如图13-284所示，单击"确定"按钮，重命名页面。

图13-283　　　　　　　图13-284

（2）选择"选择"工具■，选取不需要的图形，如图13-285所示，按Delete键，将其删除。选择"文本"工具■，选取文字并对其进行修改，效果如图13-286所示。

（3）选择"矩形"工具■，绘制一个矩形，在属性栏的"转角半径"■■■■■■框中进行设置，如图13-287所示，效果如图13-288所示。

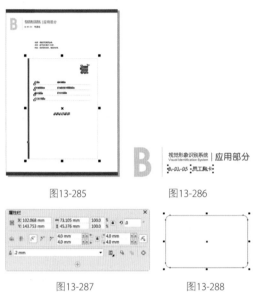

图13-285　　　　　图13-286

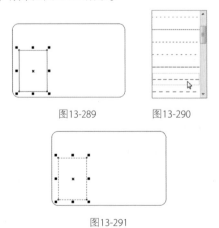

图13-287　　　　　图13-288

（4）选择"矩形"工具■，在适当的位置绘制一个矩形，如图13-289所示。在"对象属性"泊坞窗中，单击"线条样式"选项右侧的按钮，在弹出的面板中选择需要的样式，如图13-290所示，效果如图13-291所示。

图13-289　　　　　图13-290

图13-291

（5）选择"文本"工具■，输入需要的义字。选择"选择"工具■，在属性栏中选取适当的字体并设置文字大小，效果如图13-292所示。单击属性栏中的"将文本更改为垂直方向"按钮■，垂直排列文字，并拖曳到适当的位置，效果如图13-293所示。选择"文本属性"面板，选项的设置如图13-294所示，效果如图13-295所示。

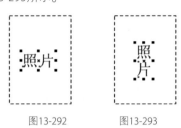

图13-292　　　　　图13-293

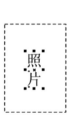

图13-294　　　　　图13-295

（6）选择"2点线"工具■，按住Shift键的同时，在适当的位置绘制直线。设置轮廓线颜色的CMYK值为0、0、0、20，填充直线，效果如图13-296所示。选择"选择"工具■，按住Shift键的同时，将直线垂直向下拖曳到适当的位置并单击鼠标右键，复制直线，效果如图13-297所示。

（7）按住Ctrl键的同时，连续按D键，再制出多条直线，效果如图13-298所示。选择"文本"工具■，输入需要的文字。选择"选择"工具■，在属性栏中选取适当的字体并设置文字大小，效果如图13-299所示。

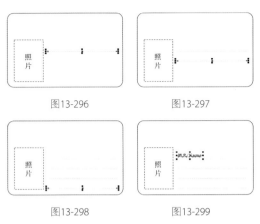

图13-296　　　　　　　　图13-297

图13-298　　　　　　　　图13-299

（8）用相同的方法输入其他文字，效果如图13-300所示。选择"选择"工具，用圈选的方法将文字同时选取，在"对齐与分布"泊坞窗中，单击"左对齐"按钮，对齐效果如图13-301所示。

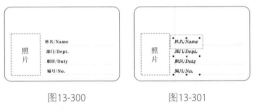

图13-300　　　　　　　　图13-301

（9）选择"鲸鱼汉堡标志"文件，选取标志图形，按Ctrl+C组合键，复制图形。返回正在编辑的页面，按Ctrl+V组合键，粘贴图形。选择"选择"工具，将其拖曳到适当的位置并调整其大小，效果如图13-302所示。

（10）选择"矩形"工具，绘制一个矩形，在属性栏的"转角半径" 框中设置数值为3mm，按Enter键，效果如图13-303所示。

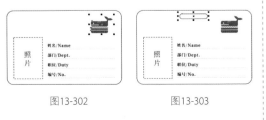

图13-302　　　　　　　　图13-303

（11）选择"矩形"工具，绘制一个矩形，填充图形为白色，设置轮廓线颜色的CMYK值为0、0、0、40，填充轮廓线，效果如图13-304所示。选择"椭圆形"工具，按住Ctrl键的同时，在适当的位置绘制圆形，如图13-305所示。

图13-304

（12）选择"选择"工具，按数字键盘上的+键，复制圆形，按住Shift键的同时，等比例缩小图形，效果如图13-306所示。

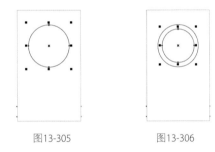

图13-305　　　　　　　　图13-306

（13）选择"选择"工具，用圈选的方法将两个圆形同时选取，单击属性栏中的"移除前面对象"按钮，效果如图13-307所示。按F11键，弹出"编辑填充"对话框，选择"渐变填充"按钮，在"节点位置"选项中分别添加并输入0、51、100几个位置点，分别设置几个位置点颜色的CMYK值为0（0、0、0、80）、51（0、0、0、0）、100（0、0、0、70），将下方两个三角图标的"节点位置"分别设为19%、39%，其他选项的设置如图13-308所示。单击"确定"按钮，填充图形，并去除图形的轮廓线，效果如图13-309所示。

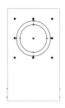

图13-307

图13-308

图13-309

（14）选择"矩形"工具□，在适当的位置绘制一个矩形，填充为白色，效果如图13-310所示。选择"椭圆形"工具○，在适当的位置绘制椭圆形，如图13-311所示。选择"选择"工具▷，按住Shift键的同时，将其拖曳到适当的位置并单击鼠标右键，复制椭圆形，如图13-312所示。按住Shift键的同时，选取上方的矩形，单击属性栏中的"合并"按钮▢，合并图形，效果如图13-313所示。

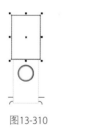

图13-310

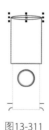

图13-311

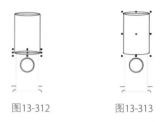

图13-312　　　　　图13-313

（15）按F11键，弹出"编辑填充"对话框，选择"渐变填充"按钮▤，在"节点位置"选项中分别添加并输入0、17、40、84、100几个位置点，分别设置几个位置点颜色的CMYK值为0（0、0、0、80）、17（73、71、71、35）、40（0、0、0、0）、84（0、0、0、0）、100（0、0、0、60），其他选项的设置如图13-314所示。单击"确定"按钮，填充图形，并去除图形的轮廓线，效果如图13-315所示。

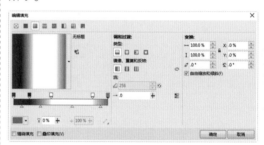

图13-314

图13-315

（16）选择"选择"工具▷，选取上方的椭圆形，选择"属性滴管"工具✐，在下方的图形上单击吸取属性，如图13-316所示，光标变为填充图形，在椭圆形上单击鼠标，如图13-317所示，填充效果如图13-318所示。

图13-316	图13-317	图13-318

（17）按F11键，弹出"编辑填充"对话框，选择"渐变填充"按钮■，在弹出的对话框中单击"反转填充"按钮◔，如图13-319所示。单击"确定"按钮，效果如图13-320所示。

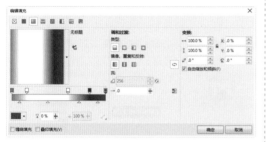

图13-319

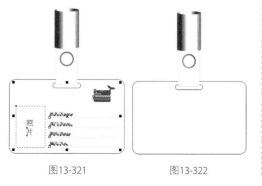

图13-320

（18）选择"选择"工具▷，用圈选的方法将需要的胸卡图形同时选取，按数字键盘上的+键，复制图形，并拖曳到适当的位置。选取不需要的图形和文字，如图13-321所示。按Delete键，删除不需要的图形，如图13-322所示。

图13-321　　　图13-322

（19）选择"鲸鱼汉堡标志"文件，选取标志和文字，按Ctrl+C组合键，复制标志和文字。返回正在编辑的页面，按Ctrl+V组合键，粘贴标志和文字。选择"选择"工具▷，将其拖曳到适当的位置并调整大小，效果如图13-323所示。员工胸卡制作完成，效果如图13-324所示。

图13-323

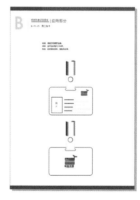

图13-324

习题知识要点：在CorelDRAW中，使用矩形工具、文本工具和对象属性面板制作模板，使用复制属性命令制作标注图标的填充效果，使用矩形工具、2点线工具和对象属性面板制作预留空间框，使用标注工具标注最小比例，使用混合工具混合矩形制作辅助色底图；使用图框精确剪裁命令制作模板，使用标注工具标注名片、信纸和信封，使用矩形工具、2点线工具和文本工具制作名片、信纸、信封、传真纸和胸卡，使用椭圆形工具、矩形工具、合并命令和填充工具制作胸卡挂环。VI设计基础部分/应用部分效果如图13-325所示。

效果所在位置：Ch13/效果/电影公司VI设计/VI设计基础部分、VI设计应用部分.cdr。

图13-325